[日] 金出武雄 著

# 高效成事

像外行一样思考，
像专家一样实践

马金城　王国强　译
绝云　审校

电子工业出版社
Publishing House of Electronics Industry
北京·BEIJING

## 内 容 简 介

本书是卡内基梅隆大学金出武雄（Takeo Kanade）教授将其日常研究、学习和生活的经验整理而成的一本小册子，他是计算机视觉领域世界闻名的科学家，并曾担任著名的卡内基梅隆大学机器人研究所所长。

在本书中，作者不仅用亲身经历的大量事例极富趣味性地描述了许多有效的科研法则，如"海阔天空的构思""跳出现有的成功""创新从省略开始""KISS 方法"等，还用大量的篇幅针对科研创新和获得成就应具备的能力给出了必要及时的指导。

本书适合任何读者阅读，并不限于科研人员——书中的观点、经验对解决个人在工作、学习和生活上的许多问题均非常有启发意义和参考价值。

DOKUSO WA HIRAMEKANAI
Copyright © 2012 Takeo KANADE
First published in Japan in 2003 by PHP Institute, Inc. and republished in 2012 by Nikkei Publishing Inc. Simplified Chinese translation rights arranged with Nikkei Publishing Inc. through Japan Foreign-Rights Center/Bardon-Chinese Media Agency

本书中文简体版专有出版权由博达著作权代理有限公司 Bardon Chinese Media Agency 代理 Nikkei Publishing Inc.授予电子工业出版社，未经许可，不得以任何方式复制或抄袭本书的任何部分。

版权贸易合同登记号　图字：01-2014-7312

图书在版编目（CIP）数据

高效成事：像外行一样思考，像专家一样实践 /（日）金出武雄著；马金城，王国强译. -- 北京：电子工业出版社, 2025. 7. -- ISBN 978-7-121-49432-1

Ⅰ. G304

中国国家版本馆 CIP 数据核字第 2025TH9845 号

责任编辑：刘　皎
印　　刷：三河市君旺印务有限公司
装　　订：三河市君旺印务有限公司
出版发行：电子工业出版社
　　　　　北京市海淀区万寿路 173 信箱　邮编：100036
开　　本：720×1000　1/16　印张：15.25　字数：220 千字
版　　次：2025 年 7 月第 1 版
印　　次：2025 年 7 月第 2 次印刷
定　　价：89.00 元

凡所购买电子工业出版社图书有缺损问题，请向购买书店调换。若书店售缺，请与本社发行部联系，联系及邮购电话：（010）88254888，88258888。

质量投诉请发邮件至 zlts@phei.com.cn，盗版侵权举报请发邮件至 dbqq@phei.com.cn。
本书咨询联系方式：faq@phei.com.cn。

# 序一

1991年，当我还在卡内基梅隆大学读博士的时候，就结识了金出武雄（Takeo Kanade）教授。作为一位研究机器人的科学家，金出教授在学术上的成就，令许多人高山仰止。我还记得他的很多精彩演讲，特别是他关于写论文要像写侦探小说那样引人入胜的独特观点。金出教授严谨治学的精神，更是我们学习的榜样。每天深夜我开车回家，途经他的办公室，总能看到他还在忙碌的身影。

在本书中，金出教授依据自己几十年科研和教学的体验，利用日常研究和生活中经常能够遇到的事例作为论据，深入浅出地向我们讲述了一种看似简单、却极其深奥的科研法则——像外行一样思考，像专家一样实践。

在看似枯燥的科学研究的工作中，有许多思想和方法值得我们关注，比如，要勇于舍弃固有的思想、最大程度地发挥构想能力、积极主动地与同行交流等。这就需要我们的年轻学生在他们的科研道路之初，就能了解和掌握科研成功的一些最根本的道理和技巧，这也正是本书的真正价值所在。

金出教授在美国研究教学多年，对美国科研创新文化有自己独到的见解。在本书中还有很多关于日本学生与美国学生的比较。他大胆批评日本学生沟通技巧不足及创新精神欠缺。他的很多建议对于今天的中国和我们中国学生，也非常有参考价值。中国正面临着在全球经济、科技、人才的一体化进程中，找到自己的长项和弱处，以保持创新发展进步的课题。

　　科学研究是一项严谨的工作，但又是一项非常有趣的工作。科学研究的成果将潜移默化地影响我们未来的生活。因此，我希望未来能有更多的人从科学研究中找到快乐，在快乐中发现人类未来文明的希望。

沈向洋

美国国家工程院外籍院士、微软原全球执行副总裁

# 序二

我是 2006 年第一次读到了本书的中文版，作者金出武雄（Takeo Kanade）教授是计算机视觉领域国际知名的学者，我也非常有幸在 2002 年到 2004 年期间与他共事过一段。在那个计算机视觉领域还很少有成果得到实际应用的年代，他强调的理念之一就是做能够用得上的工作。本书中提到的超级碗大赛转播就是这方面一个很好的例证。

多年来我几乎会向每届学生都推荐阅读这本书。这本书的题目其实就是我们常说的"大胆假设，细心求证"。作为一位在日本取得学位以后又在卡内基梅隆大学工作多年成就斐然的教授，金出武雄教授在这本书里给出了很多对研究者从选题、研究过程到写作以及做报告都非常有用的建议。书中多次提到针对日本青年学者的问题，也许这些问题不仅仅只有日本学者才会遇到，对今天的中国青年学者来说，可能也会遇到。同时书中给出了很多切实可行的建议，涉及从思考问题、解决问题到表达观点的能力培养，并且也为认识和看待一些问题给出了独特的视角，如"评价本来就是主观的"、英语"作为一个外国人，说得不错"的程度就差不多了等，真正做到了"知行合一"。

在这本书中，金出武雄教授给出了一些结合他的研究领域和以往科研工作的例子。这些例子在今天的研究者读起来，可能有些遥远。但我相信读者如果有兴趣，翻阅过去的相关研究资料和文献，依然会觉得妙趣横生。

受当时算力条件的限制，那时研究的一些方法虽然在今天看起来效果略显逊色，但背后却是对算法的极致追求和人类智慧高度结晶的呈现。正是这些精巧的研究成就了这一繁荣领域的今天。读者一定会从对这些发展历程的回望中受益良多。

这本书不仅可以作为初入科研领域的研究者的工作良师，帮助解答常见的困惑、走出迷茫，同时也可以作为从事科研工作多年研究者的益友。过去许多年中，闲暇之时我每每翻阅起来，仿佛感觉是在与一位同行在倾心交流，相互诉说着研究工作的体会与乐趣，偶尔也会有恍然大悟、相见恨晚的感觉。

希望本书的再版能够让更多的读者受益——更好地理解科研探索的本质，享受科研过程的乐趣，产生推动历史进程的成果。

陈熙霖

中国科学院计算技术研究所所长、研究员

# 序三

"这是我最成功的投资。"金出武雄（Takeo Kanade）教授对我说道，那是2020年冬天，我创办的慧川智能（智影）正式被腾讯全资收购。此刻提笔，似乎更理解了老师当时的开心，不仅因为投资的成功，更因为看到我们践行了他的哲学理念，以及在此过程中的成长。

以学生身份与教授相识至今已近20年，教授不仅是我的博导，也是我创业的第一个天使投资人。2006年8月，我结束微软亚洲研究院（MSRA）和中科大两年的联合培养，在汤晓鸥博士和华先胜博士的联合推荐下，成为卡内基梅隆大学（CMU）计算机学院机器人研究所（Robotics Institute）的一名博士新生。金出教授以及现任计算机学院院长马歇尔赫伯特（Martial Hebert）教授是我的联合导师。有关教授的回忆，很多源自他位于纽厄尔-西蒙楼（Newell-Simon Hall）西北角的办公室，我们经常约周六在那里开课题会，这样能从他忙碌的工作中挤出一次4~5小时的沟通。也是在那个办公室，老师第一次把《像外行一样思考，像专家一样实践》一书交到我手中。

CMU博士生涯最初的两年着实"煎熬"。MSRA工作期间，我曾有幸发表了两篇顶级会议论文，获得了一个美国发明专利，研发的AI视频算法也应用到了Windows，Xbox，Ads和Mobile等产品中。我很渴望能够在

CMU 证明自己，因此，偏爱选择炫酷精深的算法作为论文方向。但当周围同学相继发表论文时，我陷入了痛苦的仿徨。

在某次周六的课题会中，或许是金出教授看出了我的沮丧，他突然停下了正在进行的学术探讨，转而问我，如何看待他发明的 Lucas-Kanade 人脸算法。这并不是一个需要思考的问题，我表示，factorization 算法在数学上看实在太精妙了，简直是天才一样的想法。

"但是我们并不是为了提出这个想法而做的这项研究，当时苦于传统算法体积太大运算太慢，去研究哪些地方能进行优化，自然而然发明了这个方法"。教授带着笑意说道，"如果我们当时是作为一个数学专家去研究，可能永远也不会有这项发明！"

随后，他从书架上拿下《像外行一样思考，像专家一样实践》，并用中文为我题字。他告诉我已经具备了专家的能力，但要想创造更大成就，就需要忘掉专家的背景，用外行视角去选择对社会、对行业有巨大价值的问题，而在问题确定之后，反过来寻找能够解决问题的最好方法，真正有价值的创新一定会伴随着问题的解决而浮出水面！

在他的指引之下，我迅速找到了论文的方向。我搭建了约 5 百万张商品图片组成的物体识别数据库，以此对真实世界中约 93% 的日常物体进行建模。到 2013 年毕业前 6 个月，课题在业界已经形成了一定的影响力，包括 Amazon、Google 等公司也发出了合作的邀约。这时，我提出一个大胆的想法：基于研究课题创办公司，将科研成果进一步应用到社会中。虽然这个想法对一个刚毕业的博士生来说很疯狂，但金出教授仍然表示了绝对的支持，他不单是亲自为我引荐了沈向洋博士、Eric Cooper 博士等行业巨擘，更成为项目的第一个天使投资人。

我在创业过程中也进一步意识到，当初在 CMU 时金出教授的指导，不单对科研有意义，对于创业同样有深刻的价值。当我秉承着问题第一的态度，放下"专家"姿态，以更加开放的"外行"视角去观察和分析时，更能够发现对社会和用户有实际价值的问题，过往的技术积累会得到进一步的放大。除科研之外，这些思想还能广泛应用到商业计划、公司治理、乃至家庭关系中。

这本书里面的事例我都感同身受，金出教授用非常轻松的语言阐述了事物运行的基本规律。希望更多的读者从中受益，并能在日常工作和生活中获得思考和实践的乐趣。

康洪文
AhaMoment AI CEO、腾讯前高级总监

# 目录

## 第1章 像外行一样思考，像专家一样实践 ... 1

> 不能把研究工作当作一件很严肃的事情，应该把它当作一件有趣的事情去做。

### 第1节 海阔天空的构思 ... 2
美国的研究环境充满天马行空的气氛 ... 2
三维国家全景图、灰尘传感器、苍耳子 ... 3
荒唐无稽的想法可以催生好的创意 ... 4

> 一些重大成就在最初阶段的想法往往都是有点幼稚、天真，甚至是牵强的，可以说是外行人的想法。结合知识技术即能产生伟大的成果。

### 第2节 有点幼稚、天真、牵强的想法 ... 6
大陆漂移学说 ... 6
海岸线长度不一致 ... 7
内容宽泛的理论 ... 8

> 某些已经存在的、成功了的方法、经验和知识是导致想象力匮乏、缺少创意的主要因素。

### 第3节 跳出现有的成功 ... 11
身为专家要有舍弃固有思想、大胆创新的魄力与勇气 ... 11
一味反对别人的意见就可以了吗 ... 12
没有抓住未来 ... 14

> 在我们进行研究的时候，如果直接从复杂的现实开始思考，是无法顺利进展的。如果将发生的事情简单、省略、抽象化后再看，就会清晰很多，这是科学与工学的基本要求。

### 第4节 创新从省略开始 ... 16
"阿伏加德罗常数"和象棋 ... 16
简单、省略、抽象化——"不言而喻"的悬崖与审美感 ... 17
省略到什么程度是关键 ... 18

# 目录

"Let's watch the NBA on the court!"

第 5 节　用情景推动研究 .................................. 20
唯一一个在超级碗大赛转播中露面的大学教授 ........ 20
虚拟现实——其实，很久以前就在做相关的研究 ........ 21
做有意义的研究 .................................................. 23

"我的想法是这样的，发展出这样的产品，可以对社会起到这样的作用。"

第 6 节　情景的关键，是对人和社会有何作用 ........ 24
做得很好的人和做不好的人的区别 ........................ 24
情景要通过对未来的构想进行描述 ........................ 25
不要认为没有用的研究才算高级 ........................... 26

"如果能给问题下个定义，就已经解决了 60%。"

第 7 节　构想力就是限定问题的能力 ..................... 28
畅销小说的构思都很优秀 .................................... 28
不可能为世界上的所有问题找到共同的答案 ........... 29
构想力是一种智慧的能力 .................................... 30

不要束缚于固有观念，单纯、简单地思考、勇往直前。只有这样，成功的可能性才会增大。

第 8 节　KISS 方法——单纯地、简单地 ............... 32
别成为唱反调的人 ............................................. 32
坚持到了最后，就会明白失败的原因 ..................... 33
别想乱七八糟的方法 ........................................... 34

没有那种可以打败对未知的不安、为得出研究结果而持之以恒的智慧体力，是很难研究出什么成果的。

第 9 节　智慧体力——所谓的集中力，就是让自己成为问题本身 ........................................ 36
无论何时，都可能突然碰壁 ................................. 36
我曾经连续 74 小时集中精力思考问题 ................... 37
让自己成为问题本身 ........................................... 38

要想成功，必定迷茫！

第 10 节　越能干的人，越会迷茫 ......................... 40
我的研究生时代——要尽量提早拿出漂亮的成果 ..... 40
具体目标与高层研究 ........................................... 42
交织而来的不安感与成就感是智慧体力的基石 ....... 43

消极的结果却带来了积极的效应。

第 11 节　从"做不到"重新开始 ........................... 44
科学的进步就是不断追求更高的极限 ..................... 44

↘ XI

| | |
|---|---|
| | 科学工作者说不可能的时候，他很可能错了 ............................... 45 |
| | 消极的结果也有积极的意义 ............................................................ 47 |
| 把自己的构想跟他人交流，是要锤炼自己的想法，发现不完备之处，触发新的灵感，并且练习如何提取概要，以便让他人了解自己的意思。 | **第 12 节  在与他人的交流中完善自己的构想** ............ 50 |
| | "日本人缺乏创新思想"这种说法是不正确的 ................................... 50 |
| | 跟他人交流自己的构想时，突然发现没有想到的地方 ................... 51 |
| | 把自己的构想跟他人交流，不会被他人盗用吗 ............................... 52 |
| 研究者必须知道以下三件事情：① 能得出好结果的方法，其中必有诀窍；② 结果不会像魔术一样自己跑出来；③ 识别结果的能力是很重要的。 | **第 13 节  加上一点我的亲身经历** ...................................... 54 |
| | 小时候我什么东西都自己动手做 ..................................................... 54 |
| | 能变出钱的瓶盖 ................................................................................ 55 |
| | 铜的气味 ............................................................................................ 56 |
| 开发系统的人头脑中一定要有"用户是在与系统进行对话"这种概念。 | **第 14 节  "像专家一样思考，像外行一样实践"就糟糕了** ........................................................................... 58 |
| | 我的艰辛历程——过去的计算机 ..................................................... 58 |
| | 像专家一样思考的失败例子 ............................................................. 59 |
| | 像外行一样实践的结果不尽如人意 ................................................. 61 |
| 成绩不是决定一切的因素。独创、创造，不是无中生有的魔术。最初的想法的确是相同的，但在此基础之上添加东西、使之升华的水平高低才是决定胜负的关键。 | **第 15 节  关于独创和创造的三种违反常识的说法** ...... 63 |
| | 独创不是灵光闪现 ............................................................................ 63 |
| | 有创造能力的人在学校里成绩也好 ................................................. 64 |
| | 创造的基础是模仿 ............................................................................ 66 |

## 第 2 章  计算机向人类发出挑战——解决问题的能力与教育 ......... 68

| | |
|---|---|
| 人类什么地方做得比计算机好呢？我想是"解决问题的能力"。 | **第 1 节  计算机向人类发出挑战** ......................................... 69 |
| | 四分卫的视网膜只有中心视野 ......................................................... 69 |
| | 人是性能最优越的机器吗 ................................................................ 70 |
| | 人解决问题的能力 ............................................................................ 72 |

| | |
|---|---|
| 计算机在每个瞬间都是由成千上万个"0"和"1"组成的特定组合来表示某种状态。人是通过由细胞构成的神经网络的硬件来计算的。 | 第 2 节 人和计算机都是会计算的机器 ............ 74<br>计算机使用硅和铜计算 ............ 74<br>人用大脑计算 ............ 75<br>"绳子"也会计算 ............ 75 |
| 到目前为止,还没有人给出"人能做到但计算机做不到的事情"的定义,这点倒是值得关注的。 | 第 3 节 人类和计算机不同吗 ............ 78<br>人们有时闯红灯,这是一种计算 ............ 78<br>NP 完全问题 ............ 79<br>人类的思考就是一种物理现象 ............ 81 |
| 能否在可以预测的范围内做出不可预测的事情,这是判断是否与人类一样的关键所在。 | 第 4 节 计算机将变得比人更加智能 ............ 83<br>我感受到新的智慧 ............ 83<br>可预测的不可预测性 ............ 84<br>超越人的机器人漫步于城市的时代 ............ 85 |
| "现在的学生,能够解决给出的问题,但是不能自己去发现问题。" | 第 5 节 通过解决问题来提高思考力和判断力 ...... 89<br>我在大学时,讨厌做实验 ............ 89<br>美国的大学重视学习解决问题的能力 ............ 90<br>日本的学生,解决问题的能力明显要差得多 ...... 91 |
| 思考某个问题的时候,从例题入手再分析解决问题是个不错的方法。权威人士冯·诺依曼也是这么做的。 | 第 6 节 思考例题并解决是加深理解的最好方法 ...... 93<br>您怎么算得这么快啊 ............ 93<br>欧拉公式 ............ 95<br>逻辑学家、数学家、物理学家、工程师 ............ 96 |
| 日本编写教科书的方法是,首先给出公式和理解公式的一般性例题,然后让学生做一些适用这个公式的简单练习。这就是所谓先公式后练习的方法。<br>而美国恰恰正好相反。美国的教科书一般都非常厚,老师和学生可以慢慢、从容地推进课堂内容。他们是通过大量的例题一点点引到公式上面来的。 | 第 7 节 培养思考能力的教科书编写方法 ............ 98<br>首先通览公式 ............ 98<br>"从实质到形式"还是"从形式到实质" ............ 99<br>想写一本好的教科书 ............ 101 |
| 要想在构思、创造和解决问题的时候游刃有余地使用自己的知识,在记忆时就要问自己"明白了吗""如果这样的话……",尽可能地采用理解记忆和联想记忆这两种方法。 | 第 8 节 创造力、规划能力的基础是记忆力 ............ 102<br>知觉、思考、行动都源于记忆 ............ 102<br>人类通过遗传留给下一代的记忆量只有 0.0000…% ...... 103<br>存储能力与应用能力 ............ 104 |

> "读·写·算"可以说是所有学科，或者更进一步说，是培养思考能力与记忆能力的基础中的基础。既然是基础，就需要反复地循环应用才能掌握，其中是没有捷径的。只有在头脑中形成了一定的知识模式，才能更好地应用。这就需要无数次地反复刺激大脑神经元，形成条件反射。
>
> 跟某一研究领域的专家争论问题的人，也一定有自己的专业知识和背景。要想得到不同专业知识的人的认同真是很费劲。只有拥有专业这个武器，在争论的过程中，才会心感到吃惊，或有所同感，才会从别的视角看问题，得到自己从未想过的意见。这些新的发现会突破原有的思维模式，产生新的想法与构思。
>
> 素质教育与填鸭式教育的理念争论似乎是场对立的战争，而从辩证的角度讲，它们根本不是对立的概念。一个行之有效的解决方法是推行"像外行一样思考，像专家一样实践"的理念。

第9节 思考力和记忆力是靠不断实践培养起来的 ... 106
直觉也是一种计算 ... 106
不用万有引力定律，人们也知道物体是往下落的 ... 108
我从小时候起，就非常喜欢记一些东西 ... 108

第10节 和不同研究领域专家的智慧对决 ... 110
对未知事物与更优秀的人的感知 ... 110
抓住要点，在讲话和做研究上都是一样的 ... 111
以专业知识为武器，跟不同研究领域的人对决 ... 112

第11节 辩证地考察素质教育与填鸭式教育 ... 114
能够自主学习的机器人可以使自己变聪明吗 ... 114
圆周率等于3可以吗 ... 115
"记忆、反复学习"和"重视思考能力"并不是相反的 ... 116

# 第3章 表达"自己的想法"，说服别人实践 ... 118

> 我认为把自己的想法、研究成果传达给他人、说服他人，也是研究活动的一个环节。

第1节 说服——好酒也怕巷子深 ... 119
想法和结果被人了解才有价值 ... 119
不需要语言吗 ... 120
明白的、不明白的，让人听的、不让人听的 ... 121

> 演讲的时候，听众最厌烦的就是冗长的铺垫。怎样才能快速切入正题呢？有一个很重要的策略，就是"先出手中最好的牌"，我把它称作 Best First（最好的放在最前面）方针。

第2节 不做铺垫直切正题——这样的讲话会令人深思 ... 123
日本的研究者和技术者不善于在国外演讲 ... 123
听众最感兴趣的是开始部分 ... 124
"倒着使用准备的幻灯片" ... 125

# 目录

> 我很想试试不做铺垫、单刀直入这种演讲方法。不仅是演讲，像会议什么的需要说服别人的场合，这种方法都是很有效的。
>
> 但是，千万别忘了，要有好的结果、好的想法才能用这种方法。

### 第3节 用说明的方式陈述结果 .......... 127
不要以道歉开始 .......... 127
只要内容正确，介绍不精细也可以 .......... 128
英语不好就单刀直入 .......... 129

> "一直以来都不明白的东西，今天终于明白了。从来没有听过哪个教授像您一样把理论说明得如此容易理解。"

### 第4节 不是通过说明得到认可，而是在认可的基础上进行说明 .......... 130
讲话要从唤起听众的印象开始 .......... 130
复杂的理论也要让人理解 .......... 131
"说话通俗易懂的教授没有什么了不起的" .......... 132

> 看着对方的眼睛说话就是表明对自己所说的话自信，就是对自己的一种肯定。

### 第5节 和别人说话时要看着对方的眼睛——要对自己说的话自信 .......... 134
在国外要看着对方的眼睛说话 .......... 134
要有自信 .......... 135
自信来自正面、积极的想法 .......... 136

> 讨论中最重要的事情就是不要忘了讨论的问题是什么。
>
> 称赞是全世界共通的良药。

### 第6节 称赞与论点鲜明的讨论 .......... 138
"Enjoy"文化与"极限"文化的区别 .......... 138
真诚相待——讨论时要明确双方意见的对立点 .......... 139
说话方式的恶习——"但是" .......... 141

> 比喻是一把双刃剑。
>
> 不多加注意的话，使用比喻的人和听者都容易陷入误区。

### 第7节 比喻和例子是不同的 .......... 142
例子就是实例，比喻是说明的工具 .......... 142
模糊理论是日本的吗 .......... 143
事物的命名就是比喻 .......... 145

> 除了以英语作为职业的那部分人，我们只要达到"作为一个外国人，说得不错"这种程度应该就差不多了。但是，留给别人的印象要和真正的实力相吻合。

### 第8节 说英语时，要给人留下"作为一个外国人，说得不错"的印象 .......... 146
并不仅仅帮助我提高 .......... 146
我的英语会话失败谈 .......... 148
最合适的英语会话熟练程度 .......... 149

↘ XV

> 提高外语发音的秘诀就是经常快速、大声地进行说话练习。
> 　对于英语的学习，就是要达到"我好像觉得自己明白了"那个水平，也就是要将大脑的活动保持在那个水平。

> 　如果论文中包含了划时代的构思、杰出的结果，更通俗的说法就是，论文中包含了有价值的内容，能够得到读者"的确如此，好像是这样考虑的"这样令人颔首称赞的论文才能被称为优秀论文。

> 　论文中也有一个相当于"杀人事件"的需要逐层剖析的研究课题。"我想要研究这个""让我来解答这个问题，会得到相当有趣的结果"，论文需要有一个类似的提示，作为"起"。
> 　如何设定一个研究课题；在哪个部分限定问题；如何做一个假设解答出这个问题，即为"承"。
> 　论文中研究的关键是"杀人动机"，也就是对研究课题这个事件的解答。最重要的就是如何巧妙地让读者了解其中逐步导向结果的关键想法。

> 　论文最重要的部分就是提出结果的部分。
> 　拿出结果时，要带一点自傲：这么好的结果，你做得出来吗？而不应该用小心翼翼的姿态。只有这样，才能给读者带来强烈的冲击。

> 　提出的研究课题必须是与众不同且有价值的。但是，研究资金计划书跟论文有一个最大的不同点就是——"给这项研究提供经费！而且经费要给我！"

> 　其实，把演讲要说的话完完全全背下来并不能叫准备。所谓的完善准备，是指自己完全记住应该要说的话及其关系。
> 　展示的材料要尽量做得让别人感觉到仅仅有那些内容还是不能完全理解。
> 　与其进行这种初级英语的教学，还不如把时间留出来，从小的时候就开始好好地传授他们数学上的知识。为了培养孩子们的思考力，最好还是用单一的语言循序渐进地进行。

第9节　提高英语会话水平的秘诀……151
无论什么话都要快速说出来……151
"金出式"英语提高法——边打扫边听英语……152
用"图像"计算……154

第10节　论文以及要说服人的文章就是一部推理小说……156
100篇学术论文中最为广泛阅读的是哪篇……156
论文也需要悬念和紧张感刺激……157
一篇论文只能论述一个主题……158

第11节　"起承转合"的结合……161
"起"——用来唤起读者的好奇心……161
"承"——巧妙地设定假设……162
"转"——循序渐进地引导解答的关键……163

第12节　"合"的展现……164
"合"——将最重要的研究结果一并提出……164
评判作品、论文优劣的标准不是语言，而是构思能力和组织能力……165
日本人能给美国人上英语课吗……166

第13节　研究资金计划书必须明白易懂……169
研究生的学费、生活费都来自研究经费……169
招财的勇敢武士……170
美国大学里的研究是"研究起业"……171

第14节　关于演讲和英语的三个建议……173
演讲还是别准备得太好……173
展示资料不要让人一眼就能看明白……174
英语教育还是不要过早起步为好……175

# 第 4 章　寻求决断与明示的速度 .................................................. 177

> "Too little, too late."

> 共同进行研究的时候，一定要互相把自己的观点鲜明地讲出来。特别是第一次合作的时候，一定弄清楚自己的想法与合作伙伴的想法哪里类似、哪里不同，这将是通往成功的捷径。

> 心理学家说，无论是谁，都会在潜意识中认为别人在注意自己，比如，裤子后边撕破的时候，这个人就会非常在意是不是被别人看见了。事实上，即使真的被别人看见也是一件无所谓的事情。

> 我想说的是，在技术领域里，不要把"日本独有"这个概念当成"只能在日本使用"。要在全世界范围内一试身手。

> "我们之所以提供资金，并不是因为那些资金筹集人唠唠叨叨说的一堆东西，而是因为你们机器人研究所的工作做得非常出色。别误会了！"

> 时代改变了，从今以后任何时期在任何岗位上都要竭尽全力地考虑和对待你所面对的工作，在此基础上产生一些新的想法和活力，所以工作不再是一劳永逸的，而变成了不断变化的。我们的社会也将随之发生不断的改变。

第 1 节　日本需要的是思考的速度 ........................ 178
发生多起恐怖袭击的一天 ........................................ 178
遭遇危机，就要快速行动 ........................................ 179
能用则用的现实实用主义 ........................................ 179

第 2 节　互联网重构社会 ....................................... 182
"9·11"事件发生时唯一可用的通信手段 ............... 182
互联网突破了技术开发上组织之间的壁垒 ............ 183
用互联网保护日本文化 ............................................ 184

第 3 节　"别人怎么看自己"——强迫观念与
　　　　存在感 .................................................... 186
美国人不在意别人的眼光 ........................................ 186
日本人的存在感很弱 ................................................ 187
"就这么做"的美国和"还是不做为好"的日本 .... 188

第 4 节　不要拿"日本独有"当成挡箭牌 ............. 190
"日本独有"的文化和习惯 ...................................... 190
"日本独有"与"美国独有"的技术 ........................ 191
好的东西谁想出来都可以 ........................................ 192

第 5 节　吸引人的领导艺术 ................................... 194
商业贸易谈判时，美国人只来一个，日本人则来三个 ... 194
时代剧的地方官、西部剧的警长 ............................ 195
NASA 长官的鲜明个性 ............................................ 196

第 6 节　无法顺利进行的时候，干脆就掉转方向 ... 198
学生的"黑色星期五" ............................................ 198
针对教师的评价制度 ................................................ 199
换工作是了解自己实力的机会 ................................ 201

> 但是我认为，为了做到"客观评价"而费事制定的规则没有什么意义。
>
> 虽然发表论文的数量、获得专利的数目、开发系统数都是客观的数据，但其中的价值，是永远也无法决定的，这取决于组织或者个人认为什么更为重要。

第 7 节　评价本来就是主观的东西 .................. 203
评价是很难的 ........................................ 203
为什么日本不能取消大学入学考试 ............... 204
"客观"评价的危险性和欺骗性 .................... 205

第 8 节　"自己决定"是一种勇气 .................. 207
个人拥有决定权的机构变没了 .................... 207
为什么日本人不希望自己来决定 ................ 208
美国的官员都希望贴上"是我做的"这样的标签 ........ 209

> 今后组织里最重要的是拥有自己意见的人才。另外，还必须做到能够很好地倾听别人的意见。

## 结束语　愉快地解决问题 .................................................. 212

思考事物的本质 ..................................... 213
中国学生的热情 ..................................... 214
"金出教授，您一定很快乐吧" ................... 215

> 说到底，简单而真挚的思考才是根本。

## 新版结束语　致十年后的日本 .......................................... 216

在美国变得毫无存在感的日本 .................... 217
日本的自我意识和感受 ............................ 217
日本留学生太少了 .................................. 218
吸引天下人才的美国魅力 ......................... 220
保持竞争意识 ........................................ 220
走出国门 .............................................. 222
天马行空的想象和"要试试看" ................. 223
坚信可以成功的乐观心态 ......................... 225

# 第 1 章

像外行一样思考,
像专家一样实践

## 第 1 节 | 海阔天空的构思

常有美国人说:"金出教授的头脑很活跃啊。"这大概是因为我经常大声说笑的缘故。我常常认为,做研究不必太过严肃,去做有趣的事情就可以了。我这里说的有趣的事情,是指让自己精神上很放松,同时心里又觉得紧张期待的事情——就像和很喜欢的人见面时的感觉一样。

**美国的研究环境充满天马行空的气氛**

我从小就十分乐观,到美国生活后,更加磨炼了这方面的性格。1980 年至今,在美国的这三十多年来,我对美国的研究环境有很深的体会,与日本相比,这里的研究过程更加自由、豁达,思路更加开阔。

在美国,研究者需要通过竞争为自己争取研究经费。负责分发经费的组织制定募集研究资金的条款,我们则根据这些条款提出研究计划和所需的金额,并进行申报。如果被采用了,便会获得研究经费。

在这些组织当中,为大学或企业提供最大额度技术开发经费的当属美国国防部的国防高级研究计划局(DARPA)。DARPA 曾经提出一个奇怪的招募事项——"征集只有用现在未知的方法才能解决的项目提案"。

对于这样的提案,首先要论证用现在已知的方法不能解决,其次要证明如果用自己的新方法"有可能"解决问题。

曾经有人问：能用数学方法解决的问题算不算呢？得到的回答是：数学是一种现在已经知晓的方法，所以不能接受。这样的项目征集简直就像是在"骗"人。

国防部名下的机构都是这样的，但是他们提供的资金却相当可观。每个项目的经费是以几亿日元为单位计算的。

先不提这类投资规模的项目，我所在的卡内基梅隆大学每年也都会征集"Wild Idea Fund"这样的项目。所谓"Wild Idea"，就是不寻常的，甚至是听起来很荒谬的创意。学校将向这类创意提供研究资金。

然而在美国社会，这些荒谬、可笑，甚至荒诞无稽的创意，如果仔细琢磨的话，会发现有值得认真去做的地方。

## 三维国家全景图、灰尘传感器、苍耳子

在美国，一年中收视率最高的节目应该是一月份播出的"超级碗[①]"大赛，也就是美国橄榄球联盟的年度冠军赛。2001年1月，"超级碗"大赛播出时使用了我开发的一套三维影像系统。这套系统是利用放置在球场四周的机器人摄像机，形成可以在观众周围环绕显示的影像。那种绝妙的效果，就像电影《黑客帝国》中高潮的那一幕。

2001年"9·11"事件以后，全美国对保安和监视系统的兴趣越来越浓。

正是由于我开发了这套系统，所以不断有人向我咨询，询问是否能制作出国家的三维全景图。

---

[①] Super Bowl。

"如果在阿富汗境内放飞数万个带有超小型摄像机的气球，使之覆盖全境，得到山地的三维影像，不就能轻松找到本·拉登的藏身之处了吗？"（注：本·拉登已于 2011 年 5 月死亡）。

还有人说：要是能散播几十万、几百万个像灰尘一样大小的麦克风，不就能监听人们的脚步声或汽车噪声等各种各样的声音了吗？甚至还给出了如何收集监听信息和防止麦克风被吸尘器吸走的方法。他们还说：在灰尘上装上小镜子，飞机飞行时从空中向地面发射激光，灰尘就会被带动、调整镜子的方向，这样一来，就可以像西部剧中印第安人采用的通信方式一样，通过反光以"1、0"传递信息。这被他们称为灰尘传感器。

进一步，在识别人时，如果仅用摄像头，那么人们只要乔装打扮一下就很难被辨认了。要是可以散播像苍耳子①一样的小机器人，黏在人身上，那么就可以通过血液识别其 DNA 来识别其身份……诸如此类，还有很多奇特的创意。

然而在美国，真的有人为这种创意提供研究资金。

**荒唐无稽的想法可以催生好的创意**

如果你认为上述那些事情无聊、太傻，那么你一定是个认真的人。认真的人做事情时，一定会尽力避免失败，一步一个台阶地迈向成功。但是，要产生优秀的创意、发明独创的技术，必须要有极端的，甚至荒唐无稽的，或者我们常说的跳跃性思维。

而从现状出发，按部就班地进行逻辑推理，最终得出结论，这种思维方

---

① 苍耳，菊科苍耳属植物。苍耳子是果实，呈纺锤形或者卵圆形，遍身密生坚硬钩刺，极易附着在人的衣服或者动物皮毛上。

式很难产生飞跃性的创意。为了取得成功，直接从结论起步，也就是从希望的结果出发是非常必要的。这就是一种外行人的思维方式。

外行人也能提出"结果可能是这样"的假设。但是，要想证明"一定就是这个结果"，除非是经过训练的专家，否则非常困难。

人工智能研究的先驱之一、图灵奖和总统奖章的得主、卡内基梅隆大学的大师级人物——受人尊敬的艾伦·纽厄尔教授，经常饱含热情地对学生讲："世界上有很多像'为什么呢？要是能解决了该有多好啊……'这样的问题。每个问题都仿佛在呼唤着：'解决我吧！弄清我吧！'……它们期待着我们这些研究者来解答，就像恋人们等待着彼此一样。"

我们应该怎么回答这些问题呢？研究就是要针对这些问题，与自然、与天意进行交涉。

"我要这么解决。"

"不行，会很麻烦，不要这样啊。"

"要是这样解决呢？"

"这样才是正确的。"

在这样的交涉过程中，恰如其分地总结出结果，研究也就可能成功了。

## 第 2 节 ｜ 有点幼稚、天真、牵强的想法

有些经过我们不断尝试终于成功解决的问题，后来却被发现解决过程完全没有按部就班地进行，想必大家都有过类似的经历吧，包括我在内。而我们在尝试中所产生的想法，包括在本书中列举的重大成就，其最初阶段的想法实际上都是有点幼稚、天真，甚至牵强的，可以说是外行人的想法。但正如我一直强调的，要从这些想法中产生有用的成果，没有知识和技术是完全行不通的。

**大陆漂移学说**

20 世纪初期，德国气象学家魏格纳有一次在远处看世界地图时突然发现，中间隔着大西洋的南美洲大陆东侧海岸线与非洲大陆西侧海岸线的形状极其相似。他拿出剪刀，剪下大西洋部分，并将两块大陆部分拼接起来，很不可思议，它们对接得非常整齐。之后他就想，假设大陆原本是连在一起的，那么，现在的大陆是不是像海洋中的冰山一样，会一边漂浮一边移动呢？

这就是著名的"大陆漂移学说"。当时，大多数人都认为大陆漂移学说不可信、是异想天开，他的学说也逐渐被忘记了。到了 20 世纪后半期，"地球板块移动学说"（地球表面是以几个板块为单位水平移动的）的出现和发展，才使得大陆漂移学说有了定论。

这真是富有戏剧性。魏格纳的大陆漂移学说并不是以地图剪下来能整齐拼接为依据的（这听上去像是自己编造的话辞）。作为一名科学研究者，他当然会进行一番研究。他发现两块大陆上都栖息着同种蜗牛等生物，还有很多岩石种类、冰河遗迹等证据。但是，大陆在海洋上漂移这种外行人的想法，由于无法向人们简单地说明而得不到认同。

事实上，数年以后出现的地球板块移动学说，并不能简单地说成是大陆漂移学说的补充，它还揭示了海洋底部是以海洋中的海岭为轴线向两侧不断扩大、不断生成的。它是地球物理学中的一个崭新理论，当然，这个理论建立在对地磁正确观察的基础上。

从刚开始的构想到最终的实践，我们能从这个例子中获取很多有用的启示。其实，很多人都会发现两块大陆的海岸线形状非常相似，特别是一些非科学研究者和孩子们。而把这种看似幼稚的观察结果与古生物学和地质学的知识结合起来，并创立大陆漂移学说，即便身为气象学家，魏格纳也让人产生了一种"外行人"的感觉。与此同时，地球板块移动学说之所以能从实践出发上升到一个新的理论高度，是依靠地球物理学中缜密、专业的观察与理论。

## 海岸线长度不一致

通过互联网我们可以查出，日本海岸线的总长度是 34 000 千米。但这个数字准确吗？这是怎么测量出来的呢？取出一份日本地图，用细线沿着海岸线描，用绕一圈所需要的细线的长度乘以地图的比例尺就能得到海岸线的实际长度。这种做法想必大家都知道，但是大都没有自己尝试过吧。

有人却这么做过，他就是 IBM 沃森研究所的研究员，曼得勃罗博士。但奇怪的是，即使是同一家出版社出版的不同地图，测量出的结果也不一样。

比例尺越大（更详细、放大更多）的地图得到的海岸线长度越长。到底哪个结果才是正确的呢？

这个时候，如果有人装出一副"万事通"的样子解释说："比例尺小的地图会省略细小的海岸线凸凹，所以当然显得短啦！"然后，他自己也仿佛恍然大悟地说："原来是这样啊！"若大家都接受这种解释，那么就没有曼得勃罗博士的发明了。

曼得勃罗博士将特定比例尺的海岸线凸凹放大，发现它是由一系列形状相同但比例缩小的凸凹反复重叠而成的。举个简单的例子，如果放大东京湾的海岸线，会发现它由形状类似东京湾的横滨港、东京港、千叶港、木更津港等的海岸线构成。而横滨港本身也如此，由更小的相似图形反复重叠组成。这种性质被称为"自我相似"，即物体是由自我相似的几何形状所构成，而自我相似图形是没有特定长度的。

曼得勃罗博士把具有自我相似性质的图形（更广义地说是数学对象）命名为分形，开创了一个精妙的数学理论。现在，分形在计算机图形学等各种领域得到广泛应用，是一项极为重要的理论。

分形的发明，有赖于最初曼得勃罗博士对自己实验坦率的自信。但最终的实现并非只靠单纯的观察，而是依赖于更高级的专业知识。不要忘了，在这个研究的过程中，如果没有数学这个专业工具，绝对不可能取得成功。

## 内容宽泛的理论

麻省理工学院（MIT）的明斯基教授是 MIT 人工智能研究所的创始人，长期担任所长一职，也是人工智能研究的代表性人物。明斯基教授博学多才，虽然学数学出身却在神经生理学、计算理论学、心理学、物理学、电气工程学、机器人等众多领域造诣深厚。得益于这些学术底蕴，他不但对人工智能领域产生了深远影响，而且在计算机科学的大部分领域都有着重要贡献，理所当然地也荣获过图灵奖。他最著名的成就之一是 20 世纪 70 年代初发表的人工智能框架理论，概括性地介绍了人工智能的基本原理。

在这里没有必要赘述该理论的详细内容。然而，我想强调的是，这一理论不但应用在后来人工智能的研究中，而且对当今计算机核心技术的发展，如面向对象语言、代理等方面，都产生了重大的影响。

明斯基教授在人类心理现象、神经回路构造、计算理论、图像识别等领域造诣很深，所以他能利用广博的知识，用大量例子和事实来证明其框架理论的正确性，具有很强的说服力。但是，就事论事，与前面所述的分形理论不同，这一理论并未采用严谨的数学理论论证，不可否认其中多少有些含糊的成分。

我记得有一次，那是在 20 世纪 80 年代，我参加了一个会议，与明斯基教授和一名卡内基梅隆大学的研究生共进早餐。美国的研究学者有一个共同特征，就是在饭桌上也不会停止讨论研究课题，那次也不例外。

席间，明斯基教授说："有人说框架理论含糊，可自从我发表了这个理论，在自然语言解析领域已经有 200 多篇博士论文采用了框架理论的研究方法，这些成果怎么没有人说呢。"而后，那个研究生就问："明斯基教授，会不会以后发现了某种新的现象，证明您的框架理论不正确啊？"像明斯基教授这样的大师与一名研究生边吃早餐边面对面讨论问题的情景，也就是在美国才很常见。然而，教授的回答有些出乎意料。

"绝不可能！为什么这么说呢，因为框架理论中包含了到目前为止，我对神经生理学、计算理论学、数学、心理学等领域所有的理解。并且，这个理论足够含糊，无论出现什么新现象，都可以纳入其中。"

我当然没见过魏格纳，但确实亲自听曼得勃罗博士和明斯基教授亲口说过这些话。想必以后在说明这些理论时，为了使其精髓简单易懂，这些话会演变成例子或逸事。当然其中可能会有编造和夸张的成分。

但是，我们可以清楚地看到，这些科学家在思考问题时是多么单纯与天真啊！

## 第 3 节 | 跳出现有的成功

我说过，我作为研究人员的座右铭是"像外行一样思考，像专家一样实践"。为此我还拜托一位书法家挥毫泼墨写了这几个字并挂在屋子里做装饰。我认为对研究开发而言，像外行人一样自由发散地想出创意，以专业人士的方法去付诸实践，这种思路是非常必要的。

但作为一名专家，要想跳出自己的知识领域和以往成功的经验往往是非常困难的。

**身为专家要有舍弃固有思想、大胆创新的魄力与勇气**

对于外行人来说，因为没有相关的知识和经验，所以不会被固有的观念束缚，可以大胆想象。他们一切构想的根源都是"我想要这样"，而并不是"能不能实现呢"。他们都抱着一种"能实现"的积极态度。

归根到底，所谓专家就是学会了"在这种场合，应该这么做"的思考模式的人。就算没学会，也很容易被困在常规的做法中，很难产生飞跃式的想法。因此，某些已经存在的、成功了的方法、经验和知识反而会导致想象力匮乏、缺少创意。

发明现代计算机原型（可编程的计算机）的天才冯·诺依曼，在别人为其展示编译语言 FORTRAN 的构想时，他好像还毫不在意地说："既然已用机器语言编程，为什么还需要别的语言呢？"有的学生编写了将汇编语言转译为机器语言的程序（编译器），并使其在诺依曼的计算机上运行。诺依曼便对他们发火道："在计算机上做这种连平常办公人员都能做的东西，这根本就是浪费资源嘛！"由此看来，专家的思维方式似乎有些可怕。

在此我不希望给大家造成一种误解，以为一定要由非专业人士和专家两类人组成团队去解决一件事情。虽说现实中也可能有人用这种方式来组建团队，但我要说的是，思考时要像外行一样无所顾忌，而实践时要像专家一样缜密。在推动研究前进时，自己要同时肩负起"想"和"做"的两种职能，不分开进行是行不通的。

所以，有时候就不得不放弃作为专业人士辛苦构建起来的知识体系。而作为专业人士，是否能达到目标，是否能实现构想，其中的关键就是是否具有舍弃固有思想、大胆创新的魄力与勇气。

最近还出现了失败学之类的学说。无论是谁都会很容易想到"从成功中学习""从失败中学习"，而实际上"跳出现有的成功"往往是最难做到的。

## 一味反对别人的意见就可以了吗

前文中曾经提到过麻省理工学院的明斯基教授经常给人与众不同的感觉，其实他是一个说话很直白的人。

有一次，我跟他一起做电视采访，我问道："明斯基教授，您总是能在各种领域想出很多创造性的、引人入胜且能够引导新方向的构思。请问您的诀窍是什么呢？"他回答说："这个很简单，只要反对大家所说的就可以了。大家都认同的好想法基本上都不太令人满意。"

这话听起来的确一针见血，事实上也正是如此。

哥伦布在大家都向东航行到达印度的时候，反而选择向西航行，最终抵达美洲大陆。在大家都降低二极管中的不纯物磷的浓度，以制造出更好的二极管的时候，江崎玲於奈博士却增加不纯物的浓度，最终发明了隧道二极管。

我虽然没有像他们这样了不起的发现和发明，但也有与此类似的经验。以前，用于各种产业的机器人手臂都是通过齿轮与发动机相连而获得动力的。其中的齿轮是一个很麻烦的部件。因为摩擦，它会发出"喀哒喀哒"的噪声（称为齿隙游移），而且随着温度变化，润滑油的性质也会发生改变。这使我们很难制造出一个能够正确预测运动的模型，而这种模型对于实现快速动作是非常必要的。机械技术人员一直都在研究齿轮使用的更好模型。

20世纪80年代初期，在卡内基梅隆大学，我与当时京都大学的助教、现任麻省理工学院的教授浅田春比古博士一起，突然想到一个观点——与其这样，不如试试把齿轮全部都卸掉吧。于是将齿轮全部拆掉，终于制造出将发动机直接植入关节内的机器人——这就是世界上最早的直接驱动型机械手。

由于去除了复杂的齿轮装置，因此可以简单地按照牛顿公式记录机器人的运动情况。使用这个简单模型制造出的机器人，其运动速度比以往的机器人快10倍以上。于是我每次介绍机械手时都说："它是按牛顿先生的预测来工作的机器人。"

与本书后面所讲述的虚拟现实技术密切相关的、使用多个照相机的立体声理论，是我与当时佳能公司派来的研修生、现在是东京工业大学的教授奥富正敏一起思考得出的。目前，这项技术以"复数基线型立体声"的形式应用在各种各样的机器人视觉系统中。简单来说，大家都知道所谓的立体声精度与基线（两个摄像头之间的距离）成正比，基线越长精度越高，而我们提出的创意却颠覆了这个常识，我们使用多个短基线的立体声达到了更好的效果。

在日常生活中，与炒股的人聊天，他会告诉你买跌不买涨才是炒股的正确方法。

这样看来，明斯基教授的"反对大家的想法"，的确是击中要害啊！

## 没有抓住未来

有一个绝好的例子可以说明，由于对当前的成功深信不疑，反而会错过新的成功机会。

前面提到过，施乐公司发明并开发了个人电脑的概念和相关技术。位于加州三藩市郊外帕罗尔多的施乐公司的研究所，于 1973 年开始设计开发，在 20 世纪 70 年代后半期就已经成功制造出了名为 Alto 的个人电脑。Alto 完全包含了其后出现的、创造了个人电脑时代的 Macintosh[①] 的功能及图标等概念，可以说是更高级的计算机（有些历史学家则认为，Macintosh 就是仿造 Alto）。

然而，在计算机产业中，我们知道 IBM、苹果、微软、索尼、东芝等公司的名字，但从没见过施乐的名字。这是为什么呢？与其说施乐公司错过了 Alto 的发明，还不如说他们根本没有重视 Alto 的发明。

施乐公司通过复印机租赁业务（每复制一张复印件收取一定的手续费）取得了商业上的巨大成功，获得了高额利润。它并不愿在 Alto 所代表的全新的个人电脑业务上冒风险。

施乐公司复印机业务的商业模式是这样的：用户复制得越快、复制数量

---

① 苹果公司于 1984 年推出的个人电脑系列。

越多，则施乐公司的收入就越多，所以它重视大型的高速复印机是必然的。正是这样，施乐公司忽视了办公室所有的潜在需求，也就是"少量、便携、现场就可以复印"。结果，市场被理光、佳能这些企业的小型复印机迅速取代，施乐公司慢慢失去了市场。

就算采用了严格管理的商业模式、取得了巨大成功的施乐公司，也可能正是因为成就太大，反倒无法跳出现有的成功——这的确是难上加难啊。

施乐公司在技术上做到了"像外行一样思考，像专家一样实践"，但在商业运作上却未能抛弃专家的思考方式，错过了在个人电脑方向唾手可得的成功，不得不说是种遗憾。

在斯密斯与亚历山大所著的 *Fumbling The Future* 中，对其间的情况有详细的分析，里面记载着一则1979年施乐公司的电视广告。

这则水准极高，放到现在也毫不逊色的电视广告的情节大概是这样的：一位名叫比尔的主人公早上起床后，对着个人电脑说："早上好，今天会有什么邮件呢？"这可能就是历史的讽刺吧！"比尔"正是施乐公司错过的在个人电脑时代称雄的微软公司的总裁、世界首富盖茨的名字。

## 第 4 节 | 创新从省略开始

有一次我和象棋名将羽生善治聊天时，他说："创造就是省略。""一个棋局大概会有 100 种可能的下法，而一开始棋手凭直觉选择了其中两三种，剩下 90%以上可能的下法都没有考虑过就被放弃了，这就是省略思考。然后可以选择的下法就多了起来。如果针对三种下法，每种有三手可以应付，其结果就是九种，这样不断分支下去，就可能需要考虑三四百种下法。最终使用其中哪一个分支来进行下一步，以人的能力是没有办法预料的，所以只能在一定程度上省略思考，决定这一步怎么下。"（《简单的、单纯的思考》，PHP 研究所）

### "阿伏加德罗常数"和象棋

有人研究让计算机玩象棋等游戏。可能有人会想，现在的计算机运行速度这么快，只需要不加省略地把所有的可能性都枚举出来就好了。我在这里要顺便说一下，在象棋 9×9 的棋盘上，可能的下法会有多少种呢？据查会有 10 的 30 次方种（1 后面有 30 个 0 这样的数字）。

在学校，我们曾学过"阿伏加德罗常数"，其解释是在 0 摄氏度、一个标准大气压的条件下，22.4 立方米气体（如果是水的话，则在相同条件下是 18 立方厘米）当中，含有的分子个数为 6 乘以 10 的 23 次方。这样的话，10 的 30 次方就是这个数字的 200 万倍，刚好是 3 万立方米的水中含有的分子个数。

无论计算机运行速度有多快,面对需要枚举的可能性总数达到"阿伏加德罗常数"级(事实上这是个非常惊人的大数量级)的问题,从计算量或者内存容量来说,要进行全部的运算是不可能的。

那么羽生先生如何决定下一步棋该怎么走呢?据他所说,他会凭直觉感觉到"这样的棋局,这步棋就这么下吧"。他似乎能从全局中"看出""这局面漂亮"或者"这局面有点糟糕"。不知为什么,人类非常擅长发现这种模式。

## 简单、省略、抽象化——"不言而喻"的悬崖与审美感

实际上,我们研究者做研究也是从省略开始的。

在我们进行研究时,如果直接从复杂的现实开始思考,是无法顺利进展的。如果将发生的事情简化、省略、抽象化后再看,就会清晰很多,这是科学与工学的基本要求。

如果问题简化的程度不够,就会因为太复杂而难以形成理论。一般来说,越简单、越抽象就越会产生绝妙、鲜明的理论。但是,这个简化应该恰好与目的一致。只有这样才能形成实用的好的理论。我们以前在物理课上学到的镜面的折射、弹簧与力的关系等这些简单而美妙的理论,是通过分析现实中不存在的理想的镜面、弹簧等提炼出来的,然而这样的理论却可以在大部分的应用场景中发挥超乎预期的作用。

从这个角度而言,工学的设计理论毋庸置疑,甚至物理学的法则,在我看来,与其说是发现,不如说是发明。对于牛顿定律,也有人这么说:"神也是遵循着牛顿定律让世间万物运动的"。而我觉得,它可以充分地解释我们日

常所见的各种运动现象。为什么只说是"日常",因为有证据表明,在量子力学的世界里,牛顿定律不一定能够成立。

能否简化所想到的问题,是成功与失败的差别所在。成功的人会果断采用简化的方法,而失败的人只会担心"这样简化能行吗",却不肯迈出一步。

之前提过,理论越是适用于简单、抽象的问题,便越有价值。但是如果一味地向简单的方向前进,就会遇到"不言而喻"的悬崖。也就是说,达到了这种状态:如果再向前一步,就会掉入"不言而喻"的谷底,这时,事情的状况明显就应该是那样的——虽然是理所当然的,却无法形成理论。这表明在"不言而喻"的悬崖前停下、将原本的问题恰到好处地升华和提炼出来、以最简单易懂的状态完成的理论,会是最优秀的理论。

省略思考过程,将问题简化到最合适的程度,这需要有预见能力。拥有了这种预见能力,那么任何事情都会一目了然。人们一般都会认为数学是由严密的理论构成的学科,但获得过有数学界的诺贝尔奖之称的菲尔兹数学奖的小平邦彦教授却说,数学是一门高度感性的学科,这种感觉即"数感"。举个简单的例子,中学学几何时,有关图形的问题,如果不在脑中画出辅助线就很难解答。这靠的就是预见能力。

我觉得羽生先生所说的下棋时"漂亮的棋局"的感觉,正是这种预见能力。我认为科学和工学都是艺术。人们经常笼统地看待现实世界中的现象和事实,觉得没有什么内部构造可言。但是,在别人都认为没有的地方看到构造,这就是创意。

### 省略到什么程度是关键

我们在研究开发新系统的过程中,可以想到的解决方法有很多种。比如,在开发机器人自动驾驶系统时,"使用普通的摄像机吗?使用几个?"

"激光、立体声、微波感应器怎么应用?""怎样区分人与车?""避开障碍物的寻径方法是什么?"……有很多这种问题。在此之中还有相当多的选择,"首先试试这个吧""就用那个吧""使用这个装置吧""不行,相比而言,还是用这个更便宜"等等。

不可能同时解决所有问题,所以必须做出抉择:在这些问题中,先从哪个问题着手。就像下棋一样,要决定下一步怎么走。这时,就要像羽生先生所说的那样,首先应从省略开始。

从省略开始,也要决定省略到什么程度才能得到成果。提供研究经费的赞助商在意的是"无论如何,成果是最重要的。"可以说,研究就是与自然之间的智慧较量,无论用什么方法,只要胜出就好。所以在通往目标的道路上,决定省略到什么程度,从而能够很好地进行下去,决定是攻还是守,首先应采取什么行动才是取得胜利的关键。

而研究项目领导的主要工作,就是给出这样的行动方针。如果遵照这个行动方针能提高成功率的话,说明这个领导很善于思考省略的程度。

当我接受研究请求、决定"是否能做到""需要多长时间多少费用能完成"等这些事情时,只能凭自己的直觉。虽然也有不清楚的时候,但仍要给别人回复。于是我只能先简略地回答"嗯,这个应该能行吧""那个可能有点困难""大概,这个程度的话需要五年时间,有这些费用也就差不多能完成了"。我算是估计得差不离的,基本上都对了。

如果仅拘泥于细小的部分,不可能做出省略,结果就是无法向前迈出一步,无论什么时候都得不到理想的结果。

## 第 5 节 | 用情景推动研究

有一件令我感到非常自豪的事情。那是 2001 年 1 月 28 日，电视台在转播超级碗大赛时使用了一个搭载机器人摄像机的名为"Eye Vision"的新式现场直播系统。当时，全球约有五亿人在电视机前收看了那场比赛。这个系统所用的技术是由我和我的团队接受 CBS 公司（该公司在世界上拥有广泛的电视网络）的委托而开发的。

**唯一一个在超级碗大赛转播中露面的大学教授**

在那次超级碗大赛转播的当天，赛前介绍了"Eye Vision"系统。我有 25 秒的时间解释系统中应用的新技术。此后，我就戴上了"唯一一个在超级碗大赛转播中露面的大学教授"的帽子。令人感到有趣的是，在美国这样重视契约精神的国家，我在超级碗大赛转播上露面 25 秒的事情，竟然成为 CBS 公司和卡内基梅隆大学开发合同中的一项内容。

下面说明一下"Eye Vision"系统的构造。它的目标是做出像电影《黑客帝国》中的特效一样的影像。拍摄这部电影时，在演员表演的位置周围放置了 100 台左右的摄像机，等到合适的瞬间便同时按下快门，制作成照片，然后把那些照片按照顺序制作成影像。对于看电影的人来说，这就好像时间停止了一样，而自己则在那个电影场景周围飞了起来。我们的目的就是在球场上做出同样的效果。

但是，运动场场地宽广，无法预先确定在哪个位置会有精彩的场面，所以我们无法预知应在哪里准备摄像头。于是，我们在球场上方设置了 30 台机器人摄像机来覆盖整个球场，并由场外的 CBS 转播车进行自动控制。

转播车中设有带监视画面的类似移动摄像机的装置，并与场内的 30 台机器人摄像机都进行连接。当该装置做出移动镜头或者变焦的操作时，计算机同时进行运算，远程控制相应的机器人摄像机做出同样的操作，并且输出拍摄画面。所以，转播车中的摄影师根据拍摄的位置，可以自由选择运动场内的摄像机，得到最理想的拍摄位置。那种效果，简直就像操纵着摄像机在球场中追着选手和橄榄球。

与此同时，计算机会快速自动计算，控制其余的机器人摄像机，完全和手动摄像一样对选手或球进行跟踪拍摄。30 台摄像机把拍摄的视频传送到转播车中，这时再对每台摄像机拍摄的画面进行合并剪辑，便可以 360° 全方位地再现选手和球的移动状况。

使用了"Eye Vision"系统后，在比赛的过程中，有些引人注目的瞬间就可以像电影《黑客帝国》中的特效镜头一样被重现。例如，在四分位投球的那个瞬间，和传统的单向拍摄不同，摄像机会旋转，拍摄面对出手投球人的方向。对于是否触底得分的微妙情况，我们可以停住时间，自由地将视点变换 360°，便可以一目了然并做出裁决。

那次"Eye Vision"系统在超级碗大赛中所表现出的效果获得了很高的评价。从事这项研究的投资公司想把这项技术投放市场，结果它的股价在两周内翻了 6 倍。以后的事情我就不知道了……

## 虚拟现实——其实，很久以前就在做相关的研究

在我看来，像电影和电视等现在的视觉媒体，都有着共通的一面。当需

要把现实中的场景拍成影像呈现出来时，决定如何呈现画面的人只有一位，就是导演，而观众当然是无法选择观看角度的。

但通过结合三维画像处理技术与计算机图像技术，则完全可以取消这种限制。实际上，早在"Eye Vision"系统之前，我就开始研究使用更多摄像机的被称为"Visualize Reality"（虚拟化现实）的新技术了。

卡内基梅隆大学已经有虚拟工作室，在像教室那么大的房间内，四周的墙壁和天花板上安装了50台以上的摄像机，这些摄像机沿球面将房间的中央分布环绕起来。在房间中感觉就像在蜻蜓的复眼中一样。每一台摄像机和相邻的摄像机组成立体的结构，然后由这些摄像机拍摄出来的场景就像是用多台立体摄像机拍摄出来的一样了。

如果在房间开舞会，我们可以从50个角度拍摄，计算机会对影像进行处理，得到各个拍摄瞬间的三维数据。这样，屋内的场景可以作为三维模型的数据流传入计算机。我们把这个过程称为四维的数字化、虚拟化，也就是我们经常说的虚拟现实，这样来看其实虚拟现实本身仍是现实的，只不过是将现实中发生的事情虚拟化了而已。

实现了对现实世界的虚拟化之后，便可以做很多事情了。例如，对于视听者来说，如果可以安装能够指定虚拟摄像机位置的软件，就可以自由地在虚拟世界里移动，甚至可以合成、观察原本并没有拍摄到的位置和角度的图像。

在虚拟工作室记录的有名的外科医生外科手术的过程，使学生可以从任意角度进行观察和学习。不仅如此，我们还可以借此无危险地进入远方的野生动物园，且不会造成任何环境污染。"Eye Vision"系统只是其中一个极其简单的应用而已。

## 做有意义的研究

我常常这样对学生说：

"当说出'我做出这个了！'的时候，让听者心生'原来如此，用这个成果的话说不定也能解决那个问题''什么嘛，早知是这样的我也能做出来''那样做可以成功的话，看来我得这样做了'诸如此类的震惊、触动——这就是我们要做的研究。因为这才是有意义的研究。"

相反，有些人说："虽然我不知道研究的到底是什么，但我终究解决了一个难题。"这样可能很酷，却对人没什么参考价值，因为这种研究没什么意义。

虚拟现实系统可能会催生出一种全新的娱乐媒体。这样那些 NBA 和百老汇的狂热爱好者，就可以选择自己喜欢的座位欣赏比赛或者演出了。进一步虚拟化处理之后，要是能实现实时重现的话，随着选手和演员的动作而变换座位，或者走进赛场，或者从篮球的视角观看比赛，这些都不是不可能的。

我这个虚拟现实项目，以"多摄像机系统"为亮点，催生了世界上很多类似的项目。它能供别人参考，这让我十分自豪。

我们研究某一课题时经常会想出一句简单的口号，它不仅能传达研究的主要目的，还必须是推动研究向前发展的动力。

我的虚拟化现实项目的口号就是：Let's watch the NBA on the court（在现场观看 NBA 吧）。

## 第 6 节 | 情景的关键，是对人和社会有何作用

研究的关键，是要使研究成果或者计划的实现对社会有意义。"我的想法是这样的，做出这样的产品，可以对社会起到这样的作用"，把这一点表现出来非常重要。

**做得很好的人和做不好的人的区别**

做得很好的人和做不好的人到底有什么区别呢？

我总认为，做得很好的人，在开始研究或工作之前，就做好了充足的准备和计划，而且目的明确，清楚地知道研究完成后可以给社会带来怎样的贡献。在向他人讲解之前，就应该事先思考这些问题，并厘清研究的逻辑。通过恰当地组织语言和段落，例如"请看这个，它产生了这样的结果"，才能使人信服。就像构建推理小说中的各个步骤一样，要做到周密且完备。

首先让人了解其难度："要实现这样的事很难吧？"

然后继续解说："你注意到这个了吧，实际上这与刚才的困难是有关系的，采用这个办法就能解决。那样你每天可以省很多工夫。"

听见的人则会露出赞赏的表情："是嘛！这样啊！"如果听者的反应跟先前预料的一样，就可以说研究差不多成功了。

## 情景要通过对未来的构想进行描述

按我常说的，就是要在脑海中构建一个"研究和应用的情景"。

写电影和戏剧的剧本，必须考虑公演时所需要的视觉效果，以此为基础描画清楚场景的顺序、简单的描述、登场人物的台词和动作等。我们做研究开发也一样，要事先考虑是否能够实现，当然也有很难实现的地方。如果采用新的想法和工具，按现在的经验，是否能够实现呢？像这样，提前勾勒出研究的蓝图。能否描绘这个蓝图及其实现途径，关系着能否形成研究开发的情景。

前面提过，我开始思考虚拟现实是在 1992 年。1993 年着手研究时，我们先是使用 6 台摄像机做立体系统；到 1994 年，要用 50 台摄像机才能做出直径为 3 米的三维穹顶画面系统。虽然摄像机的价格已有所下降，但系统造价还是太贵了，以致受到批判："使用这么多的摄像机不现实啊。只有像金出这样能动用很多研究资金的人才能有这种做法。"

但我想，摄像机很快就会变得更小、更便宜，想用多少都可以。

当时，向计算机输入数字画面，无论是容量还是速度，都不可能像现在这样简单、便宜。50 台确实很多，但没有办法，只好买了 50 台先录制模拟画面，然后再将一个个画面数字化。演讲时，当我说到"买了 50 台"时，会场的人们都笑了起来。我问那些美国人他们为什么会笑，他们回答说："做到这种程度总是感觉有些 Lunatic（奇怪）。""原来如此啊。"我心想。从那以后，买了 50 台摄像机的故事便成了我演讲中逗笑大家的一个必备"包袱"。

现在看来，使用很多摄像机这种事情其实不算什么了，现在的摄像机已经格外便宜。很多时候，使用多台摄像机的做法越来越普及。现在，斯坦福大学正在研究开发可以使用 200 台摄像机的系统。

此刻，我对自己推动了这种趋势感到非常自豪。

## 不要认为没有用的研究才算高级

对未来的预见能力是描绘研究情景的基础。

在美国，不仅仅是研究者，很多人都有一种观点——"想做得有意义"。当对别人说起自己的研究时，会先解释"这个能用在什么地方呢？""用什么样的结构才起作用呢？"等等。如果针对这类问题没有明确的答案，听众渐渐会失去兴趣，最后可能没有人愿意听了。

我强调研究实用性时，有人会说："您的意思是要我们做应用性的研究？"也有人会说："我是搞基础研究的，有没有意义我不清楚。"美国有这样的人，日本这样的人特别多。说这些话的人，不能描绘研究情景，因此可能更不能区分研究的目的和手段。

说"我只是在做一些应用性的研究"的人，是不是潜意识里觉得应用性研究的科学水准比较低呢？如果觉得越不实用的研究越高级，那真是对科研的错误理解。

本来，基础研究是用处最大的研究，因为它的应用范围太广了。例如，工程学上结合了控制、信号处理、准确率估算等技术的卡尔曼滤波器可以说是基础中的基础。它以制造稳定运动控制系统为具体目标，现在已广泛用于飞机、船舶的位置测定、图像识别、自主机器人控制等各种领域。

应用性研究范围就比较狭窄，是相对比较直接有用的研究。基础研究是长时间持续的研究，应用更加广泛。这就像在果树受粉之后，为某个果子涂上能变甜的营养液与在果树根部加上腐叶土之间的区别。虽然前者只能得到一个甘甜的果实，效果却是显著的。

但后者给树施肥，会使根系更加发达，可以从土中汲取更多的营养，因而最后应该能得到又大又甜的果实——它影响了整棵树。

所以，虽说是基础研究，不，正因为是基础研究，才更要讲究应用情景。当然，谁也不能完全预测未来的事情。所以遇到不符合预想的应用情景也没关系，有不确定性也并非不可以，中途根据需要随时变更就行。

但是，如果抱着"虽然不了解原理，但结果一定很好，所以才进行这项研究"的含糊想法，则很让人为难。特别是在大学，我们拿着国民的税金进行研究，即使有不确定的因素，也有责任清楚地提出研究的前景。

不确定与含糊的概念是不同的。

## 第 7 节 | 构想力就是限定问题的能力

构想力也是一种智慧的能力。举个形象的例子，这种能力就像可以把沙滩上的沙子用特定的形状、尽可能多地捧起来的能力。用手捧起沙子，就像捧起问题。沙子捧得太多，会承受不了压力而崩塌；捧得太少，又没有什么价值。拥有"智慧体力"（长时间集中精力）的人可以在不崩塌的情况下长时间地捧着沙子，而不高明的人将沙子捧在手里的时候就会一点点往下漏，最终反而失去了所有的问题和目标。

### 畅销小说的构思都很优秀

我十分喜欢松本清张的小说，几乎拜读过他的所有作品，像成名作《某〈小仓日记〉传》和著名的《点和线》等。和其他作家的作品相比，清张的推理小说在构思方面要强很多。他塑造的主人公的性格、职业、杀人方法都很有讲究。而且他对杀人时的场景或者杀人现场被发现时的场景的描写，每一步都能和杀人动机联系起来，贯穿始终。

"原来如此，犯人的那个怪癖在这里起了作用啊。"

"原来如此啊，犯人果然和这里有紧密联系。"

每当我读到描写犯人的犯罪动机、被害者被杀的方式，以及杀人现场事后状况的部分时，常常会发出这样的感叹。前后的描写之间没有任何矛盾，每一个字都发挥着相应的作用。

像有些不太好的小说，作者由于构想力有所欠缺，忘了最初写的情节，写到一半就常常与前面写的冲突。"这个出场人物的性格不是这样的类型吗？他绝对不应该做出这种事情啊。"像这样的人，却行凶杀人。我不巧曾碰到类似的故事情节，就脱口而出："这也太巧了吧？一开始就应该对此给点暗示啊。"为此还被家人笑话。

## 不可能为世界上的所有问题找到共同的答案

构想力对于研究者的重要性也是一样的，世界上的大部分问题都很难，用共通的形式去解决是不可能的。

特别是工科上的问题，因为自己要解决自己创建的问题，所以构想力就显得越发重要。我们要提炼出想实现的目标和想阐明的现象。一般的提炼方法要符合：① 范围不能太宽广，也不能太狭窄；② 要使用的假设和前置条件不能太少，也不能太多。其标准则是提炼的结局、结果是否实用。

例如，要做一个人脸识别系统，"不管什么照明条件，不管是从哪个侧面拍摄的照片，数据库如何庞大，都能瞬间识别的程序"等，虽然并非遥不可及，但是无法解决，至少现在还无法解决——就连人类本身也做不到这样的事情。

但是，如图 1-1 所示，在"人脸识别"的问题集合中，存在一些可能解决的又非常实用的问题子集。例如，"可以通过人脸正面识别""可以通过数据库中每个人从右向左每隔 10°拍的照片识别""可以通过一张照片和视频的数据进行识别"。

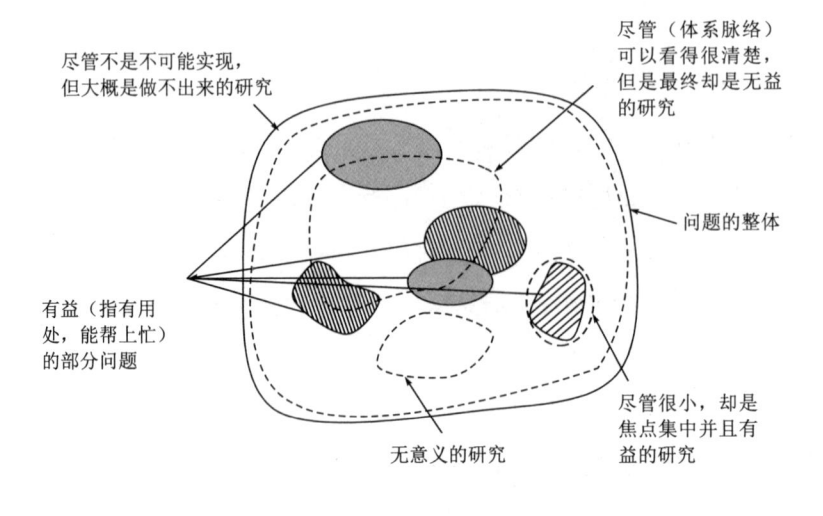

图 1-1

从图 1-1 中可以看出，如果只是茫然地针对问题寻求通用的解决方法，成功了当然很好，但基本上是做不到的。如果是针对一些非常有用的容易看到研究重点的子问题进行研究，那么应该可以成功。那些看上去比较宽广，而不能包括一个或几个实用性的子问题，如果不能确定问题的焦点，那么大概也会变成无意义的研究。与任何子问题都没有交集的研究就是毫无意义的研究。

## 构想力是一种智慧的能力

这种准确把握问题关键的能力，就是研究的构想力，是一种智慧的能力。

如果在解决问题时，能准确地限定问题的关键点，将会非常有效，那种感觉就像是读到设定与构思自然发展的优秀推理小说时感到的自然爽快。善于研究的人总是可以做到这一点。

相反，在低劣的论文和研究中，情况就不同了。明明最后走上一个最小化的方向，开头的论述却像没有意识到一样未对问题范围进行限定。"像这样有难度的问题，应该怎么解决呢？"一边这样想，一边继续读下去。"哇，这种事我做得到吗？这种方程式我能解得出来吗？"正这样想着，这句话出现了："在这次研究中，假设 $A=0$。"不禁觉得：这样一来不就是很无聊的问题了嘛。为什么不在一开始就讲清楚，害我期待太多。

这就像俗套的惊喜结局一样无聊。而这之间正是构想力的差别。

"如果能给问题下个定义，就已经解决了 60%。"

这是我在京都大学研究生时期的指导教师坂井利之教授的话。对于博士论文等而言，问题构思的程度基本上决定了研究的质量，剩下的只是执行的工作了。之后，我亲自不停地验证了这一点。

在美国博士研究生的课程中，有一个重要的环节，就是发表论文计划。也就是写出"对这样的问题，用这样的方法去研究，最后应该可以得出这样的结果"，并且需要在指导老师、论文评委和一般听众面前发表、获得认可。这是限定问题并给出定义的练习，最后顺利通过的话，就可以开始博士阶段的研究了。

构想力的确是研究开发的关键。沙子不能太多，也不能太少，用怎样的形式捧起来，是一种艺术，也是科学家的审美观。这种能力很难言传，有赖于名师的身教。

# 第 8 节 | KISS 方法——单纯地、简单地

KISS 这四个字母是由 "Keep It Simple, Stupid." 这句话中每个单词的首字母构成。它是美国的一句俗语，据说是从军队用语中演变而来的。大概是当部下做得不好的时候，长官就会大声训斥："简单点！笨蛋！"

KISS 正是工程学的基本思考方法。

## 别成为唱反调的人

"这个太困难了，一定做不好。"

"这么做真的能行吗？能有效果吗？"

"应该有更好的办法吧。一定要再慎重考虑一下啊。"

无论做什么事情，在计划开始前或者实行到一半的时候，一定会有人这样说。他们甚至不会给你什么建议，只是单纯的反对论者。英语中有个词叫 "Naysayer"。Nay 就是 No，这个词的意思就是 "唱反调的人"。

我是个做事坚持到底的人，所以要是有学生跟我哭诉说不行啊、做不下去什么的，我一定会告诉他："在结束之前与其浪费时间翻来覆去想一些做不下去的理由，还不如快点做。要是做到最后还不行，那时候再说做不下去还差不多。"

记得读高中时，我的古文不是很好。有一次在书店里，看见一本书，书名是《古文强化法》，大约 200 多页的样子。封面上写着**"坚持到底"**四个字，顿时引起了我的兴趣。书中写着："本书要反复阅读五遍。第一遍三天，第二遍一周，第三遍两周，第四遍三周，第五遍一个月"，"如果五遍都读完了，那么学习高中的古文就简单了"。

"真的吗？"我当时抱着怀疑的态度买了这本书，之后便按照书上的方法去做。果然，五遍读完之后再也不觉得古文难了。我告诉朋友们这件事，却遭到他们的讽刺："也只有你才会把这种事情当真。"

## 坚持到了最后，就会明白失败的原因

我们在做事时，经常还没完成就想"这个也做不到，那个也有问题"。而所想的这些就成为前进路上最大的绊脚石。其实只要坚持到最后，就算不成功也会学到很多。有些学生做事时总犹豫不决，总是认为这也不行，那也做不到。于是我就跟他们说：

"如果有现成的解决方法，你肯定会去做。但是，你我都不知道解决方法。在这样的情况下，即使是觉得不可能的方法也得试一试，这才是明智之举啊。只要坚持到最后，就算没成功，也会明白为什么失败。"

如果我们发现某个方法行不通，那就要弄清楚为什么行不通。如果都弄清楚了，虽然仍然解决不了问题，但也能多多少少了解到问题的本质。一直这么做下来的话，迟早会发现"啊！原来如此！原来这个地方是问题的关键啊！"于是我们就能找到正面解决问题的方法。

也就是说，明确问题的难点是非常重要的。任何问题都是有难度的，但是我们开始研究时并不知道它难在哪里。只有先尝试去做，才会明白："原来如此，问题的难点在这里！""这个地方是关键啊！这个地方解决不了，整个问题就很难解决了。"像这样弄清楚问题的疑难点是解决问题、进行研究的前提。

有时候我们也会碰到这种困难：当研究的方向与问题本质脱节，就会遇到很多非本质的问题，并为此花费了大量的精力。遇到这样的情况一定是很苦恼的，但只是反复苦恼于眼前的难点是没有用的，不如换个角度去看看问题，实际去尝试一下别的研究方向，才能突破困难，解决问题。

### 别想乱七八糟的方法

当今时代，技术飞速发展，和以前相比，计算机的运算速度和存储容量都大幅提升。KISS 这种思考方法在计算机广为应用的今天，更有其深远意义。

以前，计算机性能不高，人们为了运算某个问题，不得不设计一些"巧妙"的方法，强行把计算规模控制在计算机的运算能力之内。本来有更简单直接的算法，无奈限于计算机的运算能力，很难实现这样的算法。最后几经辛苦把计算规模压缩到计算机运算能力范围内，往往还是会得到运行错误的结果。

但是现在情况已经变了。直接基于问题描述的算法越来越接近最优解。简单直接的办法显得更加新颖、准确，实现起来也意外地变得简单。所以我对学生说：

"别想乱七八糟的方法，以 KISS 为原则来做。"

也就是说，别再像以前那样设计什么"巧妙"的方法，学会简单直接地处理问题是非常重要的。

比如关于计算机图形学的研究，十年前的模拟实现物体表面的光反射的方法仍是仿真技术的主流做法。

但现在，直接对物体表面或表层的光反射、吸收等光学物理现象进行建模计算的做法已经非常盛行。因为这种方法从本质上更正确，因此结果也自然更好。

根据计算机的发展现状，人们甚至可以重新考虑四维全光函数——从某一角度采集图像、高效存储，并可以快速读取的方法——这种以前都不可想象的方法（四维全光函数算法需四维采样，对数据量的需求特别巨大，数据采集十分困难，所需时间相当可观，所以对于真实环境来说，建立一个这样的模型非常困难，甚至是不可能实现的）。

不要受缚于固有观念，单纯、简单地思考、勇往直前。只有这样，才会提高成功的可能性。

# 第 9 节 | 智慧体力——所谓的集中力，就是让自己成为问题本身

在研究界活跃的研究者都有一个共同点，就是拥有智慧体力。

智慧体力是我造的词，指的是能长时间连续思考同一个问题，从各个方面来思考同一个问题而无论如何都不厌烦的能力。

## 无论何时，都可能突然碰壁

研究，是一种难以预料结果的工作。研究者在开始一项构思优秀的研究之前，都会假设这样的一个场景："做了这个就会得出这样的结果，产生这样的作用"，进而预计最终会取得什么样的成果。做了一段时间后发现很顺利，自然而然就确信一定会达到预期的目标，但实际中，很可能会做着做着就无法进行了。

这时，研究者就会怀疑，自己研究的这个问题真的有价值吗？这样的问题真的有解决方法吗？这样想着，心里就变得不安。研究与做练习题不同。教科书上每章章末的习题，不论多么困难，只要应用这章所学的定理和思考方法就一定能解答。研究却与其有着本质的区别。

没有智慧体力的人会在不安的情绪面前退缩："这个问题就算研究下去，前面也会遇到巨大的障碍。这样的话根本不会成功啊！"

那个障碍可能在前方 10 厘米处，再花 10 天就能跨越它。但那个障碍也可能在前面几千米的地方，一切都是未知的。

因此，如果没有那种可以打败对未知的不安、为得出研究结果而持之以恒的智慧体力，是很难研究出什么成果的。

## 我曾经连续 74 小时集中精力思考问题

智慧体力首先要有体力的支持，所以健康的身体是必不可少的。但只有体力是不够的。如果一个强壮的人声称："我对自己的体力有自信"，但他在书桌前坐上一个小时就犯困，那他也做不出什么了不起的成果。

研究与瘦身运动不同，研究不是一天十分钟、每天坚持做就可以得出结果的。它需要长时间、专注的思考。这个"专注"是一件非常艰苦的事情。"专注"并不是指一动不动，而是指头脑中无时无刻不在思考："不是这样，也不是那样，为什么不行呢？那么是这样吧？不对，这个也不对。那个呢？那个也不行……"有时候还需要边动手、边做实验、边做笔记并同时思考。无论是吃饭还是睡觉，大脑都在持续满负荷地运转。

我年轻时常常熬夜。有时候持续一周每天只睡两三个小时，不断地钻研问题。这种事情是家常便饭了。甚至有一次读研究生时，曾 74 个小时连续不断地思考问题。

据说日本象棋职业棋手米长邦雄，在下棋时持续集中精力思考，以致在棋局结束后头皮都变红了。我猜，可能是由于他长时间集中精力，血液大量涌入脑内，血压上升，头皮发热，所以头部就产生了物理变化。

智慧体力不强的人，精力不集中，很容易产生厌倦的心理。不一会就心想："刚才这个地方考虑过了吧？"然后就觉得："还是休息一下吧。"所以我把智慧体力定义为"不知疲倦的力量"。

那么，怎样才能保持这种不知疲倦的力量呢？

## 让自己成为问题本身

我经常跟学生们说："要让自己成为问题本身。"然后，会向他们介绍以下这套动脑筋解决问题的方法。

① 在头脑中描绘问题——这个阶段，要仔细、反复地思考问题是怎么产生的。这个阶段如果能想清楚这几点就很好：要想清楚问题的切入点，这个是肯定会有所收获的地方；也要想到那些有可能产生但与本质无关可以暂且搁置的问题；甚至跟本质并不十分相关的问题。这样做的目的就是为打好基础广泛收集材料。

② 集合收集到的材料为研究打好基础——这个阶段做例题是最关键的。最初可以从一眼就能看出答案的尽可能简单的例题开始。首先为这些例题想一些假定的解法。然后检验例题中特定的性质和解法之间的关系。比如说，"假如物体的重量翻倍，该道题的答案结果应该翻倍"等。

接着做一些稍微复杂的例题。比如，到目前为止，都是假设物体只有一个的情况，如果有两个，和原来的例题相比会变成怎样呢，为什么原来假定的解法就不能解答问题了。

③ 把构筑好的基础不断地延展、变强——这个阶段要多尝试，即便是很小的尝试。譬如写一个研究计划。即便是细如针尖的材料，也要持续地积累起来。这个过程是不能中断的，一旦停止，已经积累起来的基础就会土崩瓦解。建造高楼的时候，高度越高根基也需要越广，正是这个道理。

这些阶段都经历过后，就会有解决问题的自信了，可以尝试一下研究实际问题。在研究的过程中，还要思考"我能不能证明这个解法是正确的啊？"还要反过来想"我能不能做出一个该解法解不出来的例题呢？"这种逆向思维对于深刻了解解法的本质是十分有效的。

　　这个过程一直反复做下去，直到有一天，感觉到自己就变成了问题本身。那种感觉好像在思考某个问题时，如果力不从心的话，就能感到身体的某个部位疼痛。一直到产生这种感觉，就达到目的了，以后无论再思考什么样的问题都能做到深入、彻底。

　　职业棋手下棋的时候，如果对手下了一记狠招，经常会说"疼啊"这样的话，那可能他已经把自己变成棋局本身了。

## 第 10 节 | 越能干的人，越会迷茫

无论做哪种研究，不管是难还是简单，多数情况不会一开始就走到尽头。经历了千辛万苦取得成功之后，可能又不敢相信："真的这样简单就解决了吗？"

研究者在研究的过程中经常有两种感觉："能不能行呢？"这种不安感，以及"啊！成功了！"这种成就感。体验这两种感觉混合的经历将成为增长智慧体力强有力的基石。

### 我的研究生时代——要尽量提早拿出漂亮的成果

说实话，看我现在好像在说一些很了不起的话，可我在读研究生的时候，也有过迷茫和烦恼。

我从小到大一直很优秀，别人也都这么评价我。从小学到高中，到大学，我一直都成绩优异。这都要归功于我的记忆力。我的记忆力非常出色，基本不需要随身携带记事本之类的东西。像电话号码、跟别人约会的时间地点什么的，我很轻松地就能全部记住。

所以，我应付那种背诵的考试游刃有余。那时候无论哪门学科考试我都预计能拿 100 分，感觉就像是游戏一样，高高兴兴地去考。长期如此，使我潜意识中存在着"无论什么事，别人都认为我会做得很好"的怪异的心理。

开始博士研究生的课程之后，这种心理就变成了"不尽早拿出漂亮的成果是不行的"。它给我带来了很大的压力。在我看来，数学是那种读一读高深的研究论文就能了解个大概的学科，并且好像自己马上可以取得漂亮的成果，于是就着手研究它了。

本书前面也提到过了，研究与考试是不同的。做研究的时候，并不知道解决的问题有没有价值，也不知道问题本身有没有答案。正因为如此，研究不是那种研究生随便想想就能完成的简单事情。果然，我很快就发现研究进行不下去了。于是就开始下一个课题，再进行不下去，然后再换一个。这样，我研究了很多课题，倒是读了不少领域的论文，知道不少事情，除此之外一事无成。就这样转眼间三年的课程已经过去了两年。于是我开始担心，如果再这样下去，我的博士生涯就要这样一事无成地结束啦。

就在那个时候，当时的副教授、现任京都大学校长，长尾真老师对我说："金出，你就试试研究一些稍微具体点的课题吧！"然后告诉我有个电子图像数据库，里面储存着很多人脸数码图像数据。这个数据库是 1970 年大阪世界万国博览会时长尾真老师收集的，一共有 1 000 人的人脸电子化数据，这在当时是史无前例的。老师对我说："如果你能开发一个程序，可以很好地处理数据库中的人脸图像数据，又能很好地进行人脸识别，只做到这一点就是一件很了不起的事情啦！"

其实我当时更倾向于做偏理论性的东西，但是也遵从长尾真老师的劝说，开始着手研究这个课题了。当然也不是一帆风顺的，我陷入过困境。但因为有一个实际的具体目标，使我坚信终会成功，历经艰辛地努力了一年，终于成功了。

最后这个课题成了我的博士论文：一个人脸识别系统，从头像的输入，到提取特征，到辨别，全部过程都由计算机自动处理。这个论文里还附了大量的验证数据。在这个领域，我这项前所未有的研究成果（经美国国家科学委员会报告验证）变得稍稍为人所知。

## 具体目标与高层研究

这次经验在我以后的研究生涯中有着非常重要的作用，它使我明白了：做研究和搞开发没有具体的目标是绝对不行的。

总是有很多人说要研究高端的东西，要研究从数学角度上看非常简洁漂亮的东西，要研究本质的、基础的东西。可惜这些都不算是目标，只是知道了研究的始末之后，对研究的性质或者结果的一种希望。这样肯定是行不通的，那么就会考虑："这样一直研究下去就会得到好结果吗？现在是不是在解决本质的问题呢？"这时，已经不是在思考问题本身了，而是在顾虑具体的研究方法，并且为根本还没有得出的结果的性质而陷于无尽的烦恼当中。

在我看来，所研究的并不是某个课题中要解决的问题，而是课题研究本身，我把这种研究命名为高层研究（Meta 研究）。Meta 在逻辑学之类的学科中是"相关联的，更高层次的"意思。比如说语言学是一种学问，研究语言学的意义与发展的就可以叫作高层语言学。显而易见，高层语言学对于语言学本身是必要的，但这个高层研究，对于推进研究向前却是没有必要的，是毫无意义的。

但是，一旦有了具体的目标就不同了。有了具体目标之后，就算研究进行不下去了，也有那个具体的目标作为前进路上的指针，指示着要走向哪里。有时候目标也会变化，或者更高，或者有所降低，如果目标更高了，当然相应的最终结果也会更好。

## 交织而来的不安感与成就感是智慧体力的基石

实际上,每个研究者都体验过研究遇到阻碍时的强烈不安与迷茫。无论是多有成就的人,也都时常有这种感觉。在旁人看来,就像那些功成名就的艺术家或者演员因为江郎才尽而自杀时的心理一样。

研究的过程中经常有两种感觉:"能不能行呢?"的不安感和"啊!成功了!"的成就感。体验交织着的这两种感觉将成为智慧体力强有力的基石。

就算是卡内基梅隆大学的计算机科学系和机器人研究所的博士研究生,这些世界范围内出类拔萃的精英,也避免不了这种感觉。不,应该说正是这种人,才更容易陷入不安和迷茫。

对这些苦恼于这种不安感和迷茫中的学生们,我会说:"你们真像我年轻的时候啊"。然后和他们分享自己的经历,建议他们选择能设定具体目标的课题,告诉他们不用担心,只要尽全力坚持做下去就一定有好的结果。并加上一句忠告:

要想成功,必定迷茫!

## 第 11 节 | 从"做不到"重新开始

"不可能理论"的典型例子是被称为"永动机无法实现"的能量守恒定律。得出这个结论之后，人们不仅没有停止制造机器，机器制造反而越演越热。虽然人们不能制造不用外部供给能量，自身可以永远运转的机器，但是根据制造永动机的经验，人们发现了热效率并为今后制造更好的机器提供了宝贵的经验。

消极的结果却带来了积极的效应。

### 科学的进步就是不断追求更高的极限

有人说："科学时代已经结束了，再也不会有什么更新奇的发现了。"科学工作者之中，虽然也有人发表论文说"现已证明，这个领域今后再也不会有什么新发现了"，但大多数人还是反对这种说法。

其实现实并不是那样的。比如计算机的发展就日新月异。20 世纪 60 年代，计算机像竞赛一样成倍发展，但到了 20 世纪 80 年代，发展速度缓慢，甚至有人说不会再进步了，还举了很多例子：硅晶体上不能画再细的线了，不能制造出更小的晶体管了，硬盘的存储密度不能再增大了，等等。根据这些说法他们得出的结论是：发展瓶颈终将到来。但是，事实是那样吗？

直到现在，计算机的发展还遵循着摩尔定律。但我并不是说会永远这样发展下去，照现在的情形计算机发展早晚会达到物理的界限。这是事物发展的规律，是不可阻挡的。但是，像这样，不断地向前，突破极限，就很可能诞生出一种新的发展方式。比如说，利用量子力学理论研制量子计算机。

## 科学工作者说不可能的时候，他很可能错了

《2001太空漫游》的原作者阿瑟·C·克拉克曾写过三条很有趣的技术法则。

第一条：科学工作者声明某件事情是可行的时候，基本上他不会错。但当他说不可能的时候，他很可能错了。

第二条：发现极限在哪里的唯一方法就是超越极限，尝试向稍微超越这个极限的领域迈进、冒险。

第三条：无论是哪种技术，只要它是非常先进的，那看起来都跟魔术没什么区别。

虽说普遍认为克拉克只是一名普通的科幻小说作家，但他早在成功发送史泼尼克号卫星（第二次世界大战之后苏联发射的首颗人造卫星）之前就提出了利用卫星进行通信、气象观察等具体方案。这件事在日本虽然鲜有人知，但确实是很值得留意的。

实际上，我们研究者也写一些证明"什么什么不可能"的论文，但在大多数情况下，论证不可能不是真正目的。所说的"不可能"指的是"以现有的条件不可能"。而且论文中还会指出需要什么样的新方法才能突破现状解决问题。

一般证明"什么什么不可能"的理论都比较复杂，下面跟大家说一个凭直觉比较好理解的、我做的研究。这个研究是与视觉相关的。

1977年，我作为客座研究员在卡内基梅隆大学逗留了一年半。那是我研究生涯的转折点。当时我从事的研究叫作"折纸世界理论"，主要内容是根据二维图像重现三维立体物体。

说一下"折纸世界理论"吧。人可以通过在纸上用线描绘出的图形来想象出其立体图形。比方说，把从方糖斜上方看到的图像画在纸上，人们就可以认出是一个立方体。但是这幅图仅仅是由平面上画着的九根直线组成的，人们为什么就能认出是个有纵深的三维物体呢？如果解释成"因为见过，所以知道"或者是"因为学过，所以并不奇怪"，那么这项研究就不用进行了，也就到此为止了。

我想："是否能从数学理论的角度进一步解释这个机理呢？"其实有一个很简单的办法，将纸板上的图画，也就是平面图像，沿直线剪裁、折叠、粘贴，仅用这三步操作，就复原出了三维物体。我受这个启发，把这项研究命名为"折纸世界理论"。折纸世界是很简单的，比我们所居住的世界小很多。比如真实世界有圆柱体，折纸世界里也可以做到，需要将平面弯曲，仅仅简单地"折"是做不到的。还有球体，用平面无论如何也不能做出来。但普通的屋子的形状或者是桌子箱子等的形状（近似的）都包含在"折纸世界"之中。

这项研究主要就是要寻找出合适的数学理论，通过它用给定的二维图像，反过来推算出"折纸世界"中对应的三维物体。

我曾经认为将平面上所画的图形转换成三维的并导出，导出的当然是唯一的一个物体，并且人们从方糖的图形只能认识到它是个立方体也说明了这一点。

但是，我开发了一个计算机程序用以实现"折纸世界理论"，大功告成之后我开始试着运行，结果给定一个二维图像居然得出多个三维物体。我百思不得其解。最初以为是算法错了，又重新写了一遍程序，但还是得出多个三维物体。仅仅是以一个看起来是箱子的图像进行复原，得出的三维物体就有 7 种之多。之后我决定动手实验。我将这些还原出的物体都按照计算机显示的样子做出来，然后一个一个给它们拍照。最后看这些照片真的跟原始的二维图像一样，看起来都像箱子的图像，如图 1-2 所示。

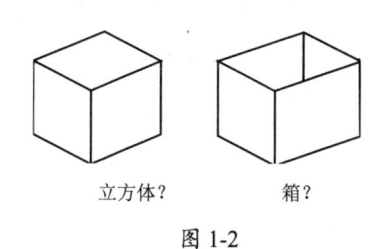

立方体？　　箱？

图 1-2

这是理所当然的。只要我的理论没错，应该会得出这样的计算结果。

## 消极的结果也有积极的意义

我困惑了，本以为只有一个答案的问题却得出了多个答案。我琢磨是不是我的思考在某个地方从本质上就错了呢。最后我终于明白了，原来我计算得出的结果是所有可能的图形，应该会有多个结果，因为可能的图形绝不仅仅是一个。

我们常人看到箱子的图像时，只是根据经验判断它是立方体，并想象成应该是箱子的形状，根本不会考虑到还会有别的可能。看来我把"可能是（Possible）"与"应该是（Probable）"这两个词弄混了。我所想到的是"应该是"的物体，计算机给出的结果是"可能是"的物体。

实际上，"折纸世界"以前的其他理论，正是因为没有弄清楚"应该是一个物体"与"可能是多个"的区别而进行不下去的。之后，为了确定"应该是"的物体，需要引入有其他要素的理论。这样，我把"折纸世界理论"做成了一个具有一般性的理论。这也是继我的博士论文之后，又一个称得上是闻名于世的成果。

说句多余的。英语中 Possible 和 Probable 这两个词意思很相近，查字典都是"可能是、应该是、大概"的意思，其中的微妙差别根本体现不出来。夏目漱石在任英语教师时，就有学生问到这两个词的差别。他解释道："我作为一名老师，现在在讲台上倒立是 Possible，但却不是 Probable。"真是精辟的解释啊！我在图形还原这个问题上能想到其中的奥妙，也是受到了夏目漱石这段小故事的启发。

再看一看为什么人们只能想到一种图像呢。其实也好理解，如果人们能像计算机一样，拥有看到一个平面图像眼前可以浮现出多个可能物体的能力，那反而就乱套了。要想用二维图像表现出立体物体，只会引起混乱，根本无法传达本意。当看图画、照片、电影的时候，每个人所想到的物体都是不一样的，那就不能正确地传达作者要传达的信息了。举个例子，为了表达不同的意思而使用十几个单词，因此才有了所谓的交流。但还好，至今我还没遇到谁可以由一幅箱子的图像想到箱子以外其他的东西，不用担心产生歧义了。

"答案并不是特定的某一个"是"折纸世界"研究的转折点。我对这个理论的思考经历了这样一个过程："不能确定一个物体" → "为什么不能" → "不能是正确的" → "那样的话应该思考些什么"。可以看出我并没有停止在"不能确定一个物体"这个行不通的问题上，而是换了种想法从别的角度考虑，最终得出"不能确定一个物体是正确的"的结论。

很多人在研究遇到阻碍时，并不知道束缚自己的是一个"不可能"的问题，不但无法产生更好的想法，甚至会陷入这个问题中，难以自拔。可这时没有人会告诉你说："你这个问题本来就是不可能的，还是停止研究吧。"我们只有靠自己的力量尽力避免那些根本行不通的问题，或者说要是行不通的话就稍微改变一下策略，从反面思考一下，看看能否得到一个更好的研究方向和解决办法。这种思考方法才是最重要的啊！

## 第 12 节 | 在与他人的交流中完善自己的构想

与别人交流自己的构想，目的并不一定是要征求对方的回答，或听取对方的意见，即便那个人是这方面的专家也一样。把自己的构想跟他人交流，是要锤炼自己的想法，发现不完备之处，触发新的灵感，并且练习如何提取概要以便让他人了解自己的意思。英语中，要跟别人交流自己的构想时，会说"Would you please be my sounding board？"（能否请你听听我的想法？）就是这个意思。

### "日本人缺乏创新思想"这种说法是不正确的

如果问日本的研究生"你最近在研究些什么啊？"有的人会回答："有些不成熟的想法，还不值得跟老师探讨！"还有人回答："有些好的构想，但还没有完成，所以就不说啦！"他们这么说可能只是认为只干不说是一种美德吧，但我觉得，这两种回答只会让人觉得他是有很大的问题无法解决才不说出来。依我的经验来看，这种人的构想最终很少有开花结果、取得成就的。

有一句话曾经十分盛行，直到现在也偶尔听到有些所谓的知识分子（也是些日本人）说："日本人没有想象力，缺乏创新思想。"这种说法是不正确的，有很多日本人都拥有绝佳的观点与想象力。先不说日本人曾多次获得诺贝尔奖，就是身边各种各样的工业产品、游戏软件、漫画动画等，无一不体现出日本人的创新思想。

只是，站在美国的视点来看，很遗憾的是，日本人通常都缺乏一种能力：锤炼自己的想法，使之升华，将其变为易于理解、易于接受的形式向人们传达，得到认同，并把大家都变成这种想法的信奉者。一个所谓的构想，如果不能正确地传达给别人，就不能称为构想。

要升华自己的构想，具体应该怎么做呢？

无论什么构想，最初大都只是个偶然的想法。锤炼构想的方法就是跟他人交流，在交谈中验证它是不是一个有价值的想法，并且获取相关知识，修正不完备的地方。升华构想的关键是"交流"，因为别人也有很多的认识、想法，通过借鉴才能完善自己的构想。

## 跟他人交流自己的构想时，突然发现没有想到的地方

只在自己的脑中思考构想，是暗地里的思考，那样就总会觉得自己的想法是完全正确的，无法发现其中的纰漏。而跟他人交流时，要想得到对方的理解，就要清清楚楚、明明白白地讲出来。比如，讲解的时候说："这个想法可是很好的啊！"对方一定会问："你说好，那理由是什么呢？"这时就得给予明确的解释了，进而就可以发现自己的构想在哪些地方还有漏洞。

比如，交流的时候我们跟对方说"假定为 A"，如果对方的反应是"这个假定挺正确的"那还好办，但如果对方的反应是"这个假定是不是有点极端啊"，这时候就得想了：

① "确实有点极端，现在马上就得去掉这个假定。"

② "可能是有点极端，但刚开始尝试研究这个问题，假定极端一点，会让问题简单一点，这样会更好吧。"

③ "不，这个假定很重要，就算极端也必须要用，强化一下设置这个假

定的理由吧。"

经过一番思考之后，决定"那么先按②进行下去吧"，再接着解说，进而得到对方和自己心里（这个才是更重要的吧）的认同，完善构想，向前发展。

跟他人交流的时候，总有要回答问题的时候。也许就在阐述和解释问题时，头脑中一下子闪现尚未想到的地方，意识到"呀！把这个地方补充进来这个理论才算完成啊！"

其实前面提到的"折纸世界理论"就是这样完成的。在研究的开始阶段，我向纽厄尔教授提起了这个当时看起来像是毫无意义的理论，他问我："武雄，你所做的这些，与针对类似问题的某某所做的研究有什么不同呢？"在我要说"这个……"时，头脑中"啪"的一声浮现出问题的关键。

几年之后，我向纽厄尔教授说："多亏您当初提的那个问题啊，我才得出这个成果。"而他却不记得了，说："我提过这样的问题吗？"

在美国的大学中，无论是学生还是教授，大部分都喜欢与他人交流自己的想法，所以研究所的走廊里到处都是黑板和椅子，还经常会看到高谈阔论的身影。我觉得日本也应该大力推广这种习惯。

## 把自己的构想跟他人交流，不会被他人盗用吗

"金出博士，像您说的那样把自己的构想公开地和别人交流，不是会被别人盗用吗？"

经常有研究者、企业的研究项目负责人和学生这样问我。我的回答是让他们分三种情况考虑。

① 在对方已经知道的情况下——对方原本知道的话就没什么大不了的损

失了，顶多也就是引起了对方的注意罢了。

② 对方还不知道，但对那个构想根本没有兴趣，把跟他说的话都给忘了；或者因为和你讨论过这个构想而开始研究，结果没有得到什么了不起的结果——这种情况也没有什么损失。而且后者的情况下，如果你得到了不错的成果，对方还会对你产生敬意吧。

③ 对方还不知道，而且根据所听到的构想领先一步取得成果。

出问题的就是③这种情况了。这是最麻烦的。对于这种情况，我对学生们这样说：

"对方原本是不知道的，也就是说，他比你更晚开始思考、研究。但他却比你先一步取得了成果。这意味着什么呢？证明对方更聪明、手段更高明。也就是说，对方先研究、先取得成果的概率原本就是很高的。所以，无论你是否把构想告诉对方，都会败给对方的。这样的话还是死心吧！"

## 第 13 节 ｜ 加上一点我的亲身经历

研究者必须知道以下三件事情：① 能得出好结果的方法，其中必有诀窍。② 结果不会像魔术一样自己跑出来。③ 识别好结果的能力是很重要的。

我总爱说自己小时候贫穷的经历，并引以为豪。下面，我就拿自己真实的亲身经历为例，证明这三件事情的重要性。

### 小时候我什么东西都自己动手做

我出生于兵库县冰上郡，是五个兄弟姐妹中最小的。

也可能是当时家里穷的缘故吧，我从小好奇心就很强，有想要的东西都不会去买，而是试着自己做。但可惜的是，我的思考总是缺那么一点儿。记得曾经有这么一件事。

上小学之前，有一次我想在附近的河里钓鱼。由于不能和家里说要买渔具，所以只有自己做。我暗自观察垂钓的人，发现他们使用的渔具就是一段细绳，并且前面系着一个 J 字形的金属钩。于是我用钳子把针弯成 J 字形，再系在一段白色的木棉线上，挂上蚯蚓，心想着"好！有了这个就成了"，便在桥上钓起鱼来。但是，试了几回也钓不到。鱼都是吃了蚯蚓就跑了。我想可能是白线不好，就换了黑线，但换了黑线也还是不行。

从那以后，我就没喜欢上过钓鱼。

当然钓不上来啊。我并没有注意到鱼钩上有个"回钩"的装置，它能使鱼一咬饵就跑不掉。

每当我看到鱼钩上的回钩就钦佩不已："发明回钩的人真了不起！他一定是不甘于每次鱼都逃走而最终想到的。"

## 能变出钱的瓶盖

小学一年级，我家搬到了神户。

二年级时，放学后学校的后门附近有很多商贩卖小孩喜欢的东西。

有一天，我看到有人在卖一件了不得的东西。那是一个像瓶盖似的东西，只要念着"一、二、三……"将它晃一晃，里面就会出现好几个 10 日元的硬币。看到后我心想："就是这个了！只要有了这个，我们家就再也不会受穷了。"一问，要 10 日元。我跟卖东西的人说："叔叔，等等我，我去取钱马上回来。"随后便飞奔回家。

"我看到一个了不得的东西，给我 10 日元就能买回来。"

我气喘吁吁地向妈妈说了整个原委。

妈妈说："那是魔术，不可能变出钱的啊！"

而我还强辩："不！不是的！绝对能变出钱来！"

妈妈从不允许我乱花钱，但那天不知道为什么却给了我 10 日元。我紧握着钱，目不斜视地跑了回去。一想到"要是叔叔已经回去了可怎么办啊！"而不由得忐忑不安。最后，终于把那个东西买了回去。

我又跑回家，径直冲进卫生间。为什么冲进卫生间我现在也说不清楚。我数着"一、二、三……"晃了晃瓶盖——什么都没有。全身一下子热了起来。我调匀气息，再一次数着"一、二、三……"晃了晃，可还是什么都没有。这样试了好几次，我终于明白它根本不会变出钱来。我心想："这下可糟了！"不由得眼泪上涌，抽抽搭搭地哭了起来。

这是我犯过的极其严重的错误之一。直到现在，当时心里对母亲的歉疚感、二年级了还能这样被骗的悔恨感、生气自己如此愚蠢的感觉，一幕一幕，还历历在目。虽然犯了错误，但是我认为这种经验是教不来学不到的。我一直坚信，那次的经历成为我之后人生道路上前进的原动力之一。

## 铜的气味

昭和 20 年代末到 30 年代初，我在神户度过了小学时代。那个时候家家都会把锅或是门把手等没用的金属连同路上捡来的金属卖给收废品的，以帮补家用。

我对这件事情比别人更热心。还是小学三四年级时，我只要看一眼金属就能分辨出它是铁、马口铁、锡、黄铜还是铝什么的。而现在我拿根黄铜棒给在上初中的儿子看，问他是什么，他还回答说不知道呢。"这可不行啊！你爸爸我小学三年级的时候……"没等我说完，孩子就还嘴："时代不同了！"

卖废品铜是价钱最高的。而我对自己鉴别铜的能力很有自信。有一次，我在路上走着，看到一个被人们踩着、满是尘土、直径一厘米、长约五十厘米的绳子一样的东西。我的心开始怦怦地跳，看到它的那一瞬间我就知道它是铜，捡起来一看，果然没错就是铜！之后我把它卖给废品收购站，卖了 150 日元（相当于现在 1 000 日元）。真是个很大的收获啊！

在三十年后的某一天，我在匹兹堡的家里植树。正用铁锹在院子里挖土呢，突然感觉铁锹碰到了什么东西。和三十年前一样，我的心开始怦怦地跳起来。正在惊讶时，发现下面埋着一根长长的铜棒。看来我对铜的嗅觉真是一点也没有衰退啊。

时代不同了，没办法拿去卖，我又重新把铜棒埋回原处。

# 第 14 节 | "像专家一样思考，像外行一样实践"就糟糕了

如果说"像外行一样思考，像专家一样实践"是一种恰当的方式，那么与之相反"像专家一样思考，像外行一样实践"的话，就糟糕了。我和很多人都说过这种想法，大家都不由得会心一笑。看来世上还是有相当多的人和我的想法差不多的。

## 我的艰辛历程——过去的计算机

实际上，我总结出"像外行一样思考，像专家一样实践"，还是在 20 世纪 70 年代、在京都大学时期。那时我正艰苦地使用一套系统，这套系统的制造者的思考方式倒像个"专家"，可真正的实践制造却像个"外行"。

为了让大家更好地理解这个辛苦历程中有趣的地方，下面我说明一下现今仅在计算机博物馆能找到的一种工具。

这个工具的正式名称是 Herman Hollerith 卡，也称 IBM 卡，当时如果要向计算机中输入程序或数据，就需要使用它。

虽然叫作 IBM 卡但并不是现在所使用的 PC 卡，而是一块像支票一样大小、长方形的纸板。纸板可以容纳横 12 行，竖 80 列的圆孔。在每一列中，用圆孔的有无及排列方式表示数字或字母，每行可以表示 80 个字。给纸板打

孔的机器叫作卡片打孔机，是一台和桌子一般大、笨重的机器。打孔时，在键盘上打字，卡片就会一点一点地推进，打孔那部分会咔嚓咔嚓地打孔。复制或修改时，在读卡器那端放入卡片，机器就会从卡片读入数据，而在打孔机那端便会复制，也就是在适当的地方跳过或是插入新字。

使用这种方式输入程序，一千行的程序就要用一千张纸板，所以当时计算机技术人员的典型标志就是得意洋洋地提个装满纸板的闪闪发光的硬铝箱。

## 像专家一样思考的失败例子

20 世纪 70 年代中期，那时我还在京都大学做助教，后来去了美国。在美国时，机缘巧合使用过一个叫作 EMACS 的文本编辑软件。

虽然现在看起来没什么了不起，但 EMACS 用起来很方便，和现在的编辑器一样，通过移动屏幕上的光标，可以对文字、单词、文章进行操作，并可以保存或编辑文件。EMACS 可以说是现代屏幕文本编辑器的原型。它还可以让你同时操作多个窗口，更厉害的是，它已经不单单是文本编辑器，还可以调用操作系统接口，运行系统程序等。只是，在 EMACS 中移动光标用的不是鼠标，而是用按键进行操作的。

EMACS 对按键的定义非常直观而且易懂，一旦知道了其中一个的操作方法，很容易就能类推出其他的操作方法。所以，我仅学了点基本操作便能上手使用了，而且不久就越用越熟，完全脱离操作手册也可以熟练使用。

对于只用过纸板输入的我而言，甚至有点怀疑开发出这么方便的编辑器的人是不是真的存在人世。现在二手电脑商店里依然有很多人不愿用鼠标而只喜欢用按键。这种按键的发明在计算机软件发展史上也是项不朽的业绩啊。

而后，我回到日本，那时京都大学的计算机中心引进了一些机器，是由两家能够代表日本计算机发展水平的公司生产的。但学生的编程课仍然使用卡片输入程序。虽然使用有屏幕的编辑器，但也就是简单的、用命令一行一行操作的行编辑器。我便问 H 公司的系统工程师："你们公司有没有学生实验时可以用的文本编辑器啊？"他回答说："当然有了。"于是我满怀期待地让他们在系统里安装了（以为有着像 EMACS 一样功能的）文本编辑器。

意想不到的事情发生了。这个文本编辑器非但没有窗口这种概念，而且它仅是以字符为单位进行处理的，像是移动到下个单词、移动到前后文本或者前后章节的开头或者结尾这种操作一概不能，只能是一个字符一个字符地向前向后移动。更可气的是，把每行字数限制设置成 80 以外的数字、把一行拆分成两行之类的操作，我无论怎么试也实现不了。

我去问那名工程师，他却对我说："教授先生，卡片是每行处理 80 个字啊。您见过把一张卡片撕成两张用的吗？"

"这算什么文本编辑器呀！"这个文本编辑器分明是把 IBM 卡片打孔机的功能丝毫不差地搬到屏幕上来了！而这个计算机公司的专家对"文本文件的生成与编辑"功能的理解，除了认为它与卡片打孔机相同，其他的什么都没想到。也就是说，他们是"像专家一样思考"。

他们就算是问一下经常帮他们打印信件的秘书在给上司写报告时浮现的想法，也会受到不少启发，开发出功能大不一样的软件。

在我们的日常生活中也有这样的例子。例如，录像机遥控器过于复杂，谁也不用。这些都是把"像专家一样思考"发挥得相当好，实际效果却相当差的例子。

## 像外行一样实践的结果不尽如人意

相反，如果应该像专家一样实践的事情却像外行一样实践的话会怎样呢？结果一定不会让人满意。

20 世纪 70 年代初期是微型计算机（简称 PC）的时代。最初的 PC 是没有操作系统的，即使有也相当简陋。它最大的长处就是轻便。因为 PC 的内存仅有 32KB，要使用它，我们用户要做很多现在根本无法想象的事情。其中一项是设定控制地址（Control Address）。

在那个时代并没有像今天的 USB 这种即插即用、使用方便的总线接口。要想连接外部设备就需要在内存中给设备分配一个特定的地址（即控制地址）。

控制地址是 PC 所有者自己设定的，所以不同的机器是不一样的。当启动应用程序时，程序会询问必要设备的控制地址，所以每次使用程序时，都会有一系列麻烦的操作。

大部分的 PC 都是用四位数字表示控制地址，并且控制地址大多都是 0003、0025 这样的小数字，虽然被称为四位数字，但在日常生活中通常会省略前面的 0 变成 3、25。

比如现在要使用 F 公司开发的多个应用程序。在设定控制地址时，有时省略 0，用 3 代替 0003 也能正常运行，操作十分人性化。可是有的程序如果像这样设定却得到错误信息："错误，不正确的地址。"只有完整输入 0003 四位数字，程序才会处理。我不由得生气："究竟能不能省略那些 0 啊！"

看了这么长一段话，读者可能会说："喂，这点小事用不着生气吧？0003 这种格式什么时候都可以处理，都这么设定不就行了。可以直接使用 3 的地方就当是捡到便宜了！"这种说法当然正确，但我想说的是，两种方式都能处理的软件与只能处理一种方式的软件混杂在一起，这就是个大问题！

　　这种现象说明，这家公司不同软件中处理用户输入数字的功能模块是由不同的人开发的。这就是外行的做法，外行的实践。一家公司所有软件的同一项功能，应该是由同一个人或者是遵守同样的规则开发的。谁都知道，程序专家一定要将它们统一。无论从统一性、品质管理、将来便于修改的任何一个角度来考虑都应该这么做。

　　开发系统的人心中一定要有"用户是在与系统对话"这种概念。事实上用户不是通过一点点地阅读操作手册记住系统使用方法的，而是通过使用，在头脑中形成印象的——系统对每一项操作的反应是什么。

　　因此，即便再简单的操作，如果系统的反应不一致，只会让用户产生混乱、不信赖感。系统与用户的关系，就像老师与学生的关系，老师的举止行为前后不相同，就根本不能博得学生的信任。

　　这里所举的例子虽不能说明日本的信息产业在当时不够发达，但至少能说明当时严重落后于美国，我觉得现在应该不会发生这种事情了。

　　但是，无论是以用户的需要和感受为出发点、用高超的专业技术、成体系地开发出各项功能的计算机软件杰作 EMACS，还是与之相反、自称专家，却随便加入与实际用户无关的功能，制作也相当业余的失败软件的例子，这些都足以让我们深思，给我们启示。

## 第 15 节 | 关于独创和创造的三种违反常识的说法

这章我们来谈谈"思考新问题、取得新成果"这个话题。一提起创造，就容易想到在特殊的环境下、采用特殊的做法成功发明了什么。令人意外的是，事实并不是这样的。下面为了让大家安心，就说几个关于独创、创造的反常识的观念。

### 独创不是灵光闪现

人们经常说独创的构想是忽然闪现出来的。如果是这样，估计包括我在内的大部分普通人都没有这种构想忽然闪现的经历，那岂不等于说自己就没有独创的能力了。不过，我认为很大一部分的构想都不是忽然闪现出来的，应该是经过长期思考最终得出的结果。

以证明质数分布定理而知名的著名数学家阿达马，曾写过一本《数学领域中的发明心理学》的书。书中记载，19 世纪后半期的法国大数学家庞加莱有一天要上马车，就在他的脚踏上台阶的一瞬间，想到了一个重大问题的解法。

为什么会忽然闪现出问题的解法呢？阿达马解释道：庞加莱平时就在不停地思考这个问题，时间久了，想法不断积累、变得厚重，就像煮沸的咖啡漫过滤网一样，一点点沸腾一点点接近答案，然后一击即中，想出了问题的解法。忽然闪现也就应该解释成，在那个瞬间量变转化成了质变，答案之门敞开了，解法一下子就飞了出来。事实上，很多其他的法国数学家听了庞加莱的故事后，也效仿踏上马车的台阶，可是无论试多少次都没有闪现出好的想法。

还有人说，日本的数学大家——冈洁老师，经常在奈良的一条小路上散步时想出好的想法。要是这样散步真有效的话，岂不是无论哪个地方的学者都会去效仿，在那条路上就能经常看到散步的日本数学家了。

以我自身的一点经验来看，结果好的构想都经历了这样一个过程：总在兜圈子无法前进；式子改来改去，却同样遇到困难；自己也生气烦躁这个问题怎么这么费事、厌烦，正是这时，却又不知道为什么突然情绪高涨，而发现了其中的奥秘。

即将得到答案的时候我自己是有感觉的，那个时候总会心情激动，心也怦怦直跳。

这时我会想象一下把这个构想讲给同事或者赞助人听的场面。如果脑海中能清晰地浮现大家"了不起的构想啊！"的震惊面孔，就说明这是个好的构想。而如果首先想到的是"会不会无论怎么说明也有人不理解呢"，那么这个构想就不会太好。

构想，并不是以前从来没有想过而突然一瞬间从头脑中闪现出来的。它是在绞尽脑汁思考、实验，不停地做了很多事情之后，突然"啊！就是这个！"发现的。

构想只能从持续不断的思考中诞生。

## 有创造能力的人在学校里成绩也好

可能很多人都认为这是个常识。但是请有着这样想法的人看到最后，那时你心里就会很明白了。

在报纸上刊登的那些像是得了诺贝尔奖的人的介绍中，总会写一些什么这个人在学校时成绩不好、有时甚至就是一名问题生，诸如此类的逸事。像爱因斯坦在上学时因为厌学而被劝退、或者主动退学；最近又说 2002 年诺贝尔物理学奖的得奖者小柴昌俊教授在高中时物理成绩很差，连老师都让他放弃这样的事。

我觉得那些报道最少有一半的成分是为了使文章有趣而夸大其辞、编造出来的。

就算这些都是真的，也不要忘记，无论是爱因斯坦还是小柴昌俊教授，他们都不是因为上学时成绩不好而完成了独创事业。取得成就跟成绩不好没有任何关系。

据我所知，但凡从事伟大事业的人都有一些共同的特征。首先，他们都很博学，并不局限于自身研究的领域，也涉猎其他的领域。其次，他们反应都很快。他们不仅能在交谈时迅速理解对方的内容与自己的有什么共同点和矛盾的地方，其间有什么理论联系，还能一下子引证与之相关的事实。所以听他们讲东西很有趣，很带劲。这些人都很会开玩笑。他们开玩笑时会把生活中的琐事与自己所研究的领域结合起来，把其间的共同点与矛盾的地方夸大，让人很明显地感觉到其中奇怪的地方，说得就像是真事一样。

达到这种程度的人，要说他们在学校的成绩不好（这么说可能有些失礼），那真是让人不敢相信。这些有创造能力的人成绩可能不好，但并不是学不好，而一定是有什么理由不愿去做好而已。日本的媒体、学校经常宣传这个说法："是否会学习不是区分能力高低的标准，它不能决定一个人的价值或者将来"，虽然我自己也是这么觉得的，但我对因此引发的把认真学习的人当成笨蛋、或者看轻他们的风气也很苦恼。要知道，用爱因斯坦或是小柴昌俊教授的逸事作为有趣的话题来激励学习不太好的学生还可以。要是老师拿这个对学生说："所以，你们就不用学习了"，那么这位老师就有问题了。

成绩不是决定一切的因素。

## 创造的基础是模仿

说起独创、创造，人们就容易想到那是某个人首先想到的、谁也没想出来的绝佳的构想。但事实上，这种情况少之又少。现实生活中，对于别人成功实现了的构想，总有人说："我很早以前就想到过。"其实那未必都是不服输的说法。

对照自身的经验，也有人曾评价我研究成功的理论："说来说去，这与标准的最小平方平均应用法本质上没有什么区别。"有时当别人得出极好的成果时，我也会感叹："啊！这个我以前也做过的。"

事实确实如此。纵观科学史和技术史，哪项成就不是以前就有人想到过的，只不过当时那个人或是没有实现它的能力、或是没有坚持到最后，在研究的道路上半途而废而已；或者还有一种常见的情况就是，虽然努力过，但由于当时能够使用的技术和工作不足而未成功。这样的事情一定有很多。

细心地调查一下过去的专利申请，特别是那些最终没有被批准的专利申请，就会发现这真是创新的宝库啊！专利申请的想法是先行一步的，大部分或是因为现实情况不允许，或是因为当时没有这种需求。实际上也有人说因为爱因斯坦曾经在专利局工作，才会有如此成就。

风险企业（日本的造词，是指规模小、从事的行业是新兴的、风险大的，因此不容易成功的企业，故被称为风险企业）成功的条件，不是做到了谁也没想到的事情，而是把大家都想到了但没做到的事情变成了现实。这些企业就是成功地实现了大家都想到了、但是没做到、认为做不到的事情。要是急急忙忙的、把谁都没有想到的东西变成商品，那么整个社会也会因为准备不足，而难以发现其中的价值。

在没有任何基础的情况下凭空创造，一般是不可能的。思考同样事情的人一定有很多。自己认为好的构想，很多时候别人也会想到，或者说是一定有人在思考着相似的事情。任何人都没有想到的构想一般来说都不是什么正常的想法。

模仿、相似，这样不是很好吗？最初的想法的确是相同的，但在此基础之上添加东西、使之升华，这样的能力才是决定胜负的关键。

据此，大部分的创造都是在模仿的基础之上增加其附加价值。

独创、创造，不是无中生有的魔术。

# 第 2 章

计算机向人类发出挑战——
解决问题的能力与教育

## 第 1 节 | 计算机向人类发出挑战

"计算机能像人一样思考吗?"

最近,经常会听到有人用计算机和人类比较并提出这样的问题。一方面,随着计算机和机器人技术的飞速进步,它们渐渐成为生活中必不可少的东西,而且在将来,它们和人类的关系会更加紧密。这种观念已经逐渐深入人心。

另一方面,这个问题也包含着这一层意思:"计算机、机器人和人的概念是不同的。它们毕竟是机器……"可以看出,人们在内心深处并不希望将来人类的优越性受到威胁。

**四分卫的视网膜只有中心视野**

毫无疑问,在我们看来,人的眼睛是最好的传感器。

我们看书时,目光在文字上游走。此时,我们无法清楚地看到着眼点之外的部分。其实,眼睛的视网膜有一部分称为中心视野,成像度比较高。我们在看书时,中心视野能清楚详细地看到视线焦点中的文字,但覆盖的范围却非常有限。中心视野周边的部分称为周边视野。周边视野的成像度比较低,但覆盖范围广阔,可以对视线范围内的动静迅速做出反应。人之所以可以在未注视的情况下,对视野范围边缘忽然飞过来的东西迅速做出反应,就是因为有周边视野。而中心视野的作用是在我们转动头和眼睛时，捕捉被观察物体的特殊点。这两种视野的特征互补，共同处理视觉信息。因此，如果我们不转动头和眼睛的话，便无法处理整个视野内的信息。

作为电视播放技术先驱的 David Sarnoff 研究所，曾经开发出一种可以高效处理图像信息的特殊芯片。《纽约时报》的记者想报道此事，便给我打电话希望得到我的评论。我回复说："这是一项了不起的研究成果，作为工业制品投产的话肯定会很有前途。"记者又接着问："开发者认为'这种芯片只将图像的一部分以高成像度处理，而人的眼睛就是只有中心视野的成像度高，所以这种芯片和眼睛一样能力很强'，您怎样认为呢？"

这个记者可能很认同我的回答，在《纽约时报》的报道中，除了有对我的褒奖之辞，还有我关于这种芯片是否与人眼相似的观点。

"'但是……'金出武雄说，'如果在橄榄球赛场上，双方的四分卫中的一位的眼睛全是中心视野，另一位的中心视野很狭窄，其余的都是周边视野，那么，我打赌一定是前者赢'。"（意思就是，前者不用随时转头、不用东张西望，就能看到哪个接球队员没有被对方阻拦，并成功地传球。）

媒体有一种称为原声摘要（sound bite）的播出方式。这种播出最重要的就是摘出能够表达全文意思的章节和语句。《纽约时报》的那段报道，是至今为止对我所说的话做得最好的原声摘要。

其实以上我所说的这些，可以算是我对"某种东西与人的构造相似，所以性能优越"这种武断理论的批判。

## 人是性能最优越的机器吗

在我看来，人是非常了不起的"机器"，人的组织结构完美得让人吃惊。

眼睛、耳朵等器官传感性能优越；肌肉非常柔软，也能高效地产生能量，而且人对肌肉的控制也十分精细。这些器官的构造简直让人叹为观止。在信息处理能力上，目前更是没有任何一种人造的或者自然的东西能与人相媲美。所以，这些优越性很容易让我们形成这样一个误区：

"人是存在于这个世界上设计最精巧、性能最优越的拥有智能的机器。"

实际上在那些模仿人的构造来制造机器人的研究者中，也有人认为：

"人类是经过长期进化才具有这种构造的，是自然优胜劣汰的结果。所以，这种构造当然是最优越的。"

但是，我们所说的人类构造，就是人类真正的构造吗？除此之外，"人是拥有最优构造的机器"这个观点本身也值得怀疑。

人类还是需要进一步进化的。吃、生殖、排泄，这一个个人体必需的机能相互之间关联不大，却均要经由同一个身体完成。操控物体的能力，也全部由"手"这个一般装置处理。如果还需要什么工具，就全部要从体外获取。我们的眼睛现在只能看见一般的可视光线，还没有无限回转和延长视线的功能。DNA 只能保存关于人体的构造和功能的信息，不能做出改变。如果性状遗传原理不成立（现在也没什么人相信这个学说），我们的进化速度仍然非常缓慢。事实上，进化仍然是我们肩负的重任。

虽然至今为止，还没有发现和人类一样、或是比人类更优秀的智慧体存在，但如果就此断定，就智慧活动而言，"只有人可以进行，人的构造是最优秀的"，未免有点太过轻率了。

无论是从上文中提到的视网膜结构，还是从人类大脑缓慢的时钟频率，都能看出人的构造的不足。但在我看来，值得骄傲的正是：虽然人类构造并不完善，却迸发出高超的智慧。我们应该受到这种能力的鼓舞，从中得到启发。相反，如果只是直接模仿人类的构造来制造机械就不妥了。

## 人解决问题的能力

之所以谈论这个话题，是有原因的。

在现实生活中，马和汽车比人跑得快；大猩猩和大型发动机比人的力量大；蝙蝠和红外线照相机可以看清黑暗的地方；鸟和飞机可以在空中飞翔。人们并不否认自己在这些方面的不足，可能人们认为无论何种生物或机器，向人类发起挑战都是不可想象的，所以没有必要不承认这些不足。值得一提的是，汽车、摩托车、飞机都是使用了与生物体完全不同的构造而实现了生物体的功能。

另外，在常识中，智慧、感情、直觉、爱情这些情感是人类所独有的。人类以外的机械或者生物不可能产生和人一样或比人还高等的情感活动。

然而，如今计算机正凭借与人类完全不同的构造，挑战这样的常识。

早在计算机的摇篮期，为人工智能打下"计算"理论基础的 Alan Mathison Turing（阿兰·图灵，1912 年 6 月 23 日—1954 年 6 月 7 日，英国数学家）和打下信息理论基础的 Claude Elwood Shannon（香农，美国数学家）就认定了这个结论，即"计算机应该可以拥有和人类同样的智慧"。

用计算机实现智能，也就是人工智能的正式研究是以 1956 年的达特茅斯会议为契机正式开始的。虽然现在已经取得了很大的进步，但离实现人工智能的目标仍遥遥无期。尽管计算机的性能也在突飞猛进，但就其计算能力而言，和人类相比仍有不小差距。

不过，这个差距正在不断减小。计算机已经开始进入曾被人们认为是人类独有的一些领域。

# 第 2 章
## 计算机向人类发出挑战——解决问题的能力与教育

很久以前，下棋、计算不定积分、对事物做出判断等被看成智慧的象征，如今在这些领域中，计算机正在逐渐超越人类。我们已经无法再坚持智慧只属于人类的观点，继续浑浑噩噩下去了。

如果人类做什么都比不上计算机，那么人类将会失去其存在的价值。但是，人类什么地方做得比计算机好呢？我想大概是"解决问题的能力"。我所说的解决问题不是简简单单按照操作手册或者公式算出给定问题的答案。而是从现状出发，确定目标是什么，再设定一个有解决价值的课题，然后付诸实践，这才叫解决问题。这个道理在研究领域、企业、家庭都是一样的。

为了解决这些各种各样的问题，就需要一个完善的教育系统，培养有解决问题能力的人。

前面提到的《纽约时报》的报道还有后话。报道发表后，有一次我和 Sarnoff 研究所的开发工程师聊天，我说："那个评论很好吧。"对方说："我们研究所现在流行一个笑话，说'武雄喜欢的四分卫球员一定是头大得抬不起来，根本传不出去球的'。"（意思是说拥有如此广阔视野的人，要处理视觉情报一定得有个很大的头才行。）

辩论对手也很厉害啊！要是一直这么激烈地论战下去，那么很快就能解决视野的问题了。

## 第 2 节 | 人和计算机都是会计算的机器

计算是作为一种"能计算的机器"而诞生的。计算机的初期应用集中在数值科学计算上，被用于计算大炮的弹道轨迹及破解敌人的密码等。但是，我们要注意这里所说的"计算"，是包括数值计算、逻辑计算、条件判断，以及记忆和外界感知等所有的信息处理。

**计算机使用硅和铜计算**

计算机和人是使用不同的硬件（物理装置）来计算的。现在我们使用的计算机，其电路板主要用硅和铜线回路来制作，存储设备是磁性介质。计算机内部使用了大量互相联动的电气元件，每个元件都可以表示为"0"或者"1"，并且可以根据外部的输入，在"0"和"1"之间转换。

因此，计算机在每个瞬间都是由成千上万的"0"和"1"组成特定的组合来表示某种状态的，同时，通过天文数字般的大量组合状态之间的不断转换来进行计算。计算机极其复杂，不过可以通过程序来完全记录并且控制其状态变换。

但是，所谓"完全控制"并不是控制每个电子的运动，而是用程序控制其中通过"0"和"1"表现出来的运动。

相比之下，人是通过由细胞构成的神经网络"硬件"来计算的。

## 人用大脑计算

虽然现在还没有完全了解人的大脑和神经系统的作用，但是我们已经发现在大量的神经元之间，信号以比现在计算机更快的速率传输、计算和通信。

在人的大脑中，聚集着大概 1 000 亿个神经元（神经细胞和它之上的神经突触的组合），计算时这些神经细胞并不是一个一个单独进行，而是通过神经突触和其他神经元相连，组成网状结构。

如果 1 个神经元和周围的 1 000 个神经元相连，那么这个网状结构的节点数目就是 10 的 14 次方这么多。在这个神经网络里，电荷在化学物质中游走，处理各种各样的信息，也就是我们所说的计算。

如果把人处理信息能力的水平像计算机一样数值化，即将一秒钟内可以为传递信息进行的连接次数为标准。假设 1 毫秒（1 000 分之 1 秒）发生一次信息传递，1 秒就进行了 500 次到 1 000 次的信息传递，那么，如果大脑有 10 的 14 次方个节点，再乘以每秒 500 次至 1 000 次的信息传递次数，我们可以推算出人的大脑是一个每秒约有 10 的 16 次方到 17 次方计算能力的机器。

当然这只是推算的结果，并不是绝对的。如果再考虑到人的大脑和身体的体积，可能这个数字还会扩大几倍。

顺便说一下，现代计算机的计算能力大概是每秒 10 的 12 次方到 13 次方左右，即人类计算能力的万分之一到百万分之一左右的水准。

## "绳子"也会计算

两个输电铁塔之间的电线呈现出平滑美丽的曲线。这个曲线是一个名为悬链线的函数的图形。如果左右手各执绳的一端，也会呈现同种曲线。当手执绳子时，要想知道绳子呈现出什么形状，需要解一个微分方程。但是在这种情况下不需要计算，只需绳子垂下来便可知道它的形状。那么也可以说"绳子解了微分方程，计算出了悬链线的形状"。

这并不是强辩。实际上在现在的数字计算机被开发出来之前，就曾使用过模拟计算这种思考方法。下面我们举例说明模拟计算方法。当电流通过由电阻、电容和线圈组成的电路时，它的时间变化可以用一个微分方程式来表示。那么如果要解一个微分方程，只需要做一个电路，使这个电路电流变化的微分表达式和要解答的微分表达式相同。这样，只需要测量电流的变化就可以解出微分方程了。这就是模拟计算方法。实际的模拟计算机会更聪明一些，比如如果要解流体力学的方程式，它会换成电线的电流变化来求解。

所以，模拟计算的意思正像英语单词 Analogous 的意思一样，将要研究的现象（比如流体力学现象）换成与之"相似"的现象（比如电流现象）进而解决问题。

但是，模拟计算机的值是使用电流这种连续数值表示的，而之后的数字计算机的值是使用 bit 集合这种离散的形式表示的。由此，之后"analog（模拟）"也被用于表示"连续"的意思。"analog 手表"、"analog 人类"等概念的出现也源于此。

令人感到有趣的是，最近"analog"的本意发生了变化。现在有一种材料，可以根据表面放置的物品而适当地改变形状或表面的摩擦系数。这种材料名为 Smart Material（智能材料）。材料也会计算。

由此可见，进行"计算"时应从"内容本身""怎样表达""使用什么工具实行"三个方面思考。无论是硅制成的数字计算机、细胞构成的人类大脑，还是一根绳子，或是使用电路的模拟计算机，虽然用的是不同的硬件，对数字的表达方式也不尽相同，但都可以进行同一个悬链线的计算。

当然，从编程的角度而言仍有很大不同。绳子只能计算出悬链线。模拟计算机虽然能力广泛，也只能解有限的几种微分方程式。数字计算机可以进行编程语言所能写出的任何一种计算。人的神经网络可以进行通过学习掌握的或植入 DNA 中的任何一种计算。

## 第3节 | 人类和计算机不同吗

现在我们清楚地知道，人可以用智慧进行创造，感情也是人独有的。这样我们自然会产生疑问："未来的计算机是否能做人类能做的事情呢？"反过来说："有没有什么事情是人可以做到而计算机做不到的呢？"

但有意思的是，目前并没有人这样问过："有没有计算机可以做到的事情，人却反而做不到呢？"

顺便说一下，到目前为止，还没有人给出"人能做到但计算机做不到的事情"的具体定义，这点倒是值得关注的。

### 人们有时闯红灯，这是一种计算

人和计算机虽然使用的是不同的"硬件"，而且内部的结构也完全不同，但都是用于计算的"机器"。

我比较同意这种观点："计算机可以做人能做的事情"。当然，也有人会说："人和计算机根本不同"，他们的理由大概有三个：第一个是"计算机只能按照程序来工作"。

例如，机器人过十字路口的时候，如果程序规定了红灯亮不能过马路，那么机器人肯定就会遵守这条规则。而有时即使红灯亮着，人也会过马路。由此看来，人的行动和计算机是不一样的，不会受提前定好的规则的制约，也就是说，人根本就没有所谓程序这样的东西。

我认为，这简直就是伪命题。因为人也是根据某种规则决定了应该过马路还是不应该过，然后采取行动的。人们判断是否过马路遵循的规则不仅是红绿灯，还有其他因素，比如当时汽车的速度，其他行人是否过马路等。把人和只用红绿灯作为判断依据的程序相比，实在有失公平。如果人在过马路的时候也只以信号灯为判断依据呢？

也有人会说："我有时也会改变规则。"但是在什么情况下改变？改变方法又是什么呢？说到底还是有规则在制约着人。虽然不是什么好例子，如果就像俄式轮盘赌一样，不必遵循什么规则就可以产生任意结果，那么写一个产生随机结果的程序就能实现了。

人们只是不知道自己所使用的程序而已。

## NP 完全问题

持有"人和计算机根本完全不一样"这种观点的人还有第二个理由，更数理化。下面的例子是比较有代表性的。

有个问题叫旅行商问题。

"在地图上有几座城市，商贩需要从一个城市出发走遍所有城市，并且每个城市只能去一次，那么，哪条路径最短呢？"

很明显，我们所能考虑到的路线的数目是有限的，所以看起来很简单。如果城市数目比较少的话，可以通过简单地遍历所有路径找到最短路径。但是，当城市数目慢慢增加时，可能路径的数目便会急剧增加。如果要求写出 50 个城市之间的最短路径，那无论使用多快的计算机，其计算的时间也将会是一个天文数字。类似性质的问题就称为 NP 完全问题。

还有一个故事，说的是印度国王想要奖赏有功劳的仆人，仆人就提出这样的条件："在国际象棋棋盘的第一个格子中放 1 粒米，第二个格子中放 2 倍于第一个格子的米，也就是 2 粒米，第三个格子放第二个格子中米数量的 2 倍，也就是 4 粒米，这样每次都翻倍，直到每个格子都放上为止。"国王稀里糊涂就答应了，但真正一算这其实是个天文数字。

实际上，如果把制作铁路列车的最优时刻表、式样校验、下棋时每一步的最优算法等日常生活问题归类的话，那么大部分问题都可以归类为旅行商问题。即，虽然可能性的数目是有限的，但无论多快的计算机也不可能在有限的时间内计算出最佳答案。

有人提出："看吧！人类专家和棋类高手不用花多大精力就可以做得很好。所以说，计算机就是比人类差很多。"

但是这种观点有一个很大的漏洞，不要忘了，NP 完全问题不仅是计算机难以解决的，就连人类也束手无策。也就是说，人类并没有办法判断自己认为的优秀答案就是最佳答案。

"证据是什么呢？"围棋的例子最能说明问题。比如两名围棋高手对局，如果棋手所走的步骤真是最佳的话，那么棋局就应该是这样的：决定了先手（开局时先下棋的人）和后手（开局时后下棋的人）之后，先手一直思考，然后就说"我赢了"，后手说"我输了"（或者是反过来的），棋局就结束了。也就是说，最佳步骤意味着最终胜利，如果棋手所走的步骤是最佳的，那么棋局开始也就意味着结束，根本没有下棋的必要。而之所以两个人下棋，就是因为棋手本身并不知道所走的步骤是不是最佳的，最终是否能够取得胜利。

但是高手走的棋的确是好棋，这是事实。现在，就"找出近似最优解"这件事情，人类程序的优越性的确凌驾于计算机之上，这也是事实。

有趣的是，如果把要求变成"在有限的时间内，求出准确率为某一概率以上的答案"，那么即使是 NP 完全问题，也是能够解出来的。

## 人类的思考就是一种物理现象

有人为了说明计算和人的感情是不同的，举出左脑和右脑的不同作为证据。"左脑掌管逻辑计算，右脑掌管人的感性。所以人的感性与计算是完全不同的。"这是一种典型的将尚未完全弄明白的事情用于说明的论证方法之一。如果能说清楚左右脑不同的工作原理，这才算是一个有意义的论据。

我的观点是左脑右脑只不过是能力的局部所在地，或者说只是能力的一种分类。人脑把不同的能力划分到不同的区域确实很有参考价值，但从信息处理的角度来看，比如暖色和冷色，它们只是根据光的频率划分，归根到底都是一样的，并没有任何差别。

人的大脑就是一台处理信息的机器。神经突触相互连接，接收信号，把信号往某个方向传递、处理，然后发送出去。一个一个的神经突触就是计算用的工具、因子。从这个角度看，左脑和右脑是没有差别的。

我在上学时有一种观点：人处理的是模拟的、也就是连续的信息；计算机处理的是数字的、也就是离散的信息。两者有根本的差别。现在没有人有这种想法了。

最终这个议论也归结于以下这个着眼点。

假如把某人用玻璃瓶子完全密封起来。那么瓶子中，特别是人脑中所发生的现象不是通常所说的物理现象，而是非常不可思议的超自然现象，这种说法想必是行不通的吧。或者说同样是物理现象，但是跟瓶子之外的原理完全不同，比如电子与电子之间不再相互排斥而互相吸引。这种说法也是行不通的吧。

假如有人相信以上两种解释中的一种，那与其说是科学研究的领域，不如说是哲学或者宗教的领域了。就我个人而言，我始终相信，无论是瓶子里面还是外面，物理原理都是相同的。

那么置于瓶子之外的计算机，虽然使用不同的硬件，但计算着跟人一样的或者比人更高等的"内容"就没什么不可思议的了。毫无疑问，瓶子外面会有人与里面的人同样聪明，甚至超越他，同样，计算机自身的能力也是在朝那个方向发展的。

## 第 4 节 | 计算机将变得比人更加智能

说起智能机器人，以前只出现在科幻小说中，不知道什么时候它变成了现实，活跃在社会的各个领域中。当今时代，人类已经觉得机器人的存在是必然的。本田、索尼公司已经开发出了类人机器人，它们已经实实在在地存在于我们身边了。21 世纪，随着计算机技术的不断进步，机器人技术会得到前所未有的发展。

### 我感受到新的智慧

"感受到了一种全新的智能体"，这是世界国际象棋冠军卡斯帕罗夫对超级计算机"深蓝"的评论。

1997 年，IBM 研制的超级计算机深蓝向世界国际象棋冠军卡斯帕罗夫发起挑战，最终以两胜一负三平的成绩取得了胜利。那次比赛后我有很多感想。国际象棋是世界上最流行的象征智慧的游戏。而计算机却在国际象棋上战胜了世界冠军，这引发了人们不小的争论。

实际上，超级计算机深蓝的研究团队的核心就是卡内基梅隆大学计算机科学系毕业的博士生，研究也是从卡内基梅隆大学开始的。

研究战略主要有以下三点：

① 能够记住所有已走完的棋局。

② 能够根据过去的棋局计算棋子车（国际象棋中很重要的一个棋子，相当于中国象棋的车）的重要度和评价局面的好坏。

③ 开发出高速计算机尽可能地对之后的棋局提前进行运算。

深蓝每秒可以计算两亿种下法，对于每个局面平均能检索 14 种变化方式，进而决定这一步怎么下。

也有人说："深蓝的下棋方法只不过是用蛮力遍历棋局而已，并不是'像人类一样'的思考。"这种说法只不过是嘴硬不服输而已。如果是人类之间的竞赛，输的一方就不可能说赢的一方棋艺拙劣。人类，包括棋士自身也并不清楚人类是怎么思考下棋的，更不用说向对手说明下一步该怎么走了。因此人类应战可以预知棋局变化的计算机程序，其实处于很大劣势。

卡斯帕罗夫并不能完全预料到深蓝的走法。当深蓝走出一步让人无法预料的棋时，人们就会认为计算机还挺傻的。但是卡斯帕罗夫却认为这是一步好棋，而最后败北的又的确是自己。所以他会说："感受到了一种全新的智能体。"

卡斯帕罗夫的话表明，他已经把计算机比作人了，已经把计算机和人当成同一水平进行评论了。卡斯帕罗夫输棋时表现出的失望神情就足以证明这一点。如果一个大力士和大型电子机械掰手腕输了，他要是把电子机械当成异类的话，不可能会有不高兴的感觉吧。

## 可预测的不可预测性

深蓝的能力，用我的话说就是，已经突破了"可以预测的不可预测性"这个壁垒。

我所说的"可以预测的不可预测性"是指，一个人评判他人或计算机

"是否有感情"、"是否有个性"的判断基准。

以"有感情"为例，虽然现在已有程序可以在计算机屏幕上显示笑、哭、愤怒等表情，但是谁也不会因此就认为计算机有感情了。

再者，假设向计算机输入文章，计算机可以据此产生反应，做出表情。如果这个时候，输入者预计输入什么文字计算机应该做出什么样的反应，而计算机的反应又和所预料的完全相同，那么人们会觉得"计算机的反应是事先设置好的"，而不会认为这是计算机自己的感情。

并不仅仅是说计算机的反应是否出乎人们的意料。如果程序只是随机给出反应的话，人们只会想："计算机给出的表情和我的输入完全没有关系。"仍然不会认为计算机有感情。也就是说，计算机的反应必须是在一定的可预测范围内给出的不可预测的结果。

人类之间也是如此。如果一个人的言谈举止都跟别人一样，那么大家会认为他没有个性。虽说可以和常人有所不同，但这个差异性也是有范围的。如果跟别人完全不同、太过怪异，以致超出容许范围的话，大家就会认为他性格异常了。当然，这个容许范围是随着时代而改变的。

是不是在可以预测的范围内做出不可预测的事情，这是判断是否与人类一样的关键所在。

## 超越人的机器人漫步于城市的时代

对于"计算机能不能和人一样甚至超越人类、比人还聪明"这个问题，我是持积极肯定态度的。

但是在现阶段，如果直接比较计算机和人的能力，我觉得是不恰当的。打个比方，现在的计算机，其能力好像处于脚的高度，而人类的能力就像已经到了远远高于天花板的珠穆朗玛峰峰顶的高度。先不说智能的构造，目前连基本的计算能力就已经相差了一万倍到一百万倍。话虽这么说，但要直接比较的话，还是非常烦琐的。

于是，人们总是将关于现在无法实现的事与将来是否能实现的事混为一谈。只是，在"无法实现"的观点中，总是掺杂着"不想实现"或者"不必实现"的想法。

无论现在还是将来，计算机或机器人和人类相比始终处于劣势的是自主确定工作环境的能力和自主繁衍的能力。

现在来看，如果能清楚地确定工作内容，机器在很多情况下的确更优秀。例如，在医疗领域里，有种钻孔机器人，如果命令"按照这种形状开一个洞"，那它肯定会比人完成得准确。但是，应该在足骨上开洞的机器人，把它放到头部，它也会毫不犹豫地给头部开个洞。要是人类的话，即使不是医生也会觉得在头部使用电钻荒谬至极。

这是封闭系统与开放系统的差别。目前的计算机和机器人系统都被人为加上了"足部医疗机器人只能放置在足部"之类的这种系统封闭限制。

实际上这一点对解决问题有非常重要的意义。

以前有一个"传教士和狮子"的智力题。说的是有三个传教士和三头狮子来到河边想要渡河，但仅有一艘能承载两人的小船。而且无论什么情况下，如果传教士的数目少于狮子的数目，传教士就会被吃掉。怎样才能让全体安全渡河呢？

这个问题看起来好像挺难的，大家也费了好大力气想答案，但是却绝不会有这种答案：大家顺流而下，下游肯定有桥的，可以一起从桥上过去。为什么这个答案不可以呢？这叫作"范围设定问题"，也就是要怎么确定问题的回答范围的问题。现阶段这是个难题。

也有研究者想要制造可以自己再生的机器人。在最初的阶段，给机器人准备三个左右的手腕，如果手腕坏了，机器人会自行到工具箱中取出备用手腕替换损坏的手腕，也就是做到替换自身部件的程度。

要想实现这种功能，就必须准备充足的部件。研究者接下来想实现的是让机器人收集部件制造的各个构成部分，然后制成跟自身相似的机器人。但是，这样就限制在部件这个封闭的系统内了，要是没有部件，机器人也就无计可施了。

而人类作为生物，拥有再生能力。比如如果受了点小伤，只要多加休息补充营养就可以治愈了。有食物的供给就可以繁衍后代。当然，我指的是在地球范围内。

但是，计算机也在飞速发展。十年间，比以前已经取得了100倍左右的进步。如果按照现在的速度发展下去，在不久的将来，人与计算机的基本计算能力就会出现交叉点。

并且，事实上人们已经开始慢慢了解像创造能力、个性、感情（或者近似的东西）等这些一直以来被认为是人类独有的能力。虽然现在还没有完全了解，但在不久的将来，它们就会被探究明白的。

像人类一样，乃至超越人类的机器人在街上行走的那一天，不久就会到来。

有人担心，如果这一天到来，机器人可能会反过来控制人类。我却不这样认为。这些人的思考方法有一个问题点，就是将人类和机器人对立起来看待。其实，到那个时候，社会是人类和机器人共有的社会。人是聪明的。在将来人与机器人的共同世界中，人一定做着比现在更有意义，更有趣的事情。

为了我们早日到达那个时代，现在最重要的就是解决问题。确定应该解决的问题，设定一个高的但是可以实现的目标，为了那个时代而动脑动手。而计算机和机器人也会在其中发挥重要的作用。

## 第 5 节 | 通过解决问题来提高思考力和判断力

经常听到日本的大学老师这样评价学生："现在的学生，能够解决给出的问题，但缺乏自己发掘问题的能力。"这也许就是因为到高中为止的对错、偏差值教育的弊端吧。我看这不完全是学生的错。

### 我在大学时，讨厌做实验

说实话，当我还是学生时，非常讨厌当时的实验课。

实验是研究的基础。科学是以假说为出发点开始研究的。假说就是为了解释某种现象而设定的假想的理论，那么假说是否符合事实，就需要通过实验从各个方面加以证明。随着实验的深入，假说的真实性也随之提高。

"地球是圆的"曾经就是个假说，哥伦布想，"如果地球是圆的，从欧洲出发向西航行就应该能到达印度"，而后出海检验，这就是实验。要想说明某个假说是错误的，只需要举出一个反例即可。请注意，要想说明某个假说的正确性，就必须证明无论什么情况它都是正确的，也就是说，要证明不存在反例。无论多好的想法，要得到自己和他人的认同，就必须给出经实验得出的证据。

现在我明白了，我上学时讨厌上实验课，并不是因为我懒，而是因为当时大学的实验课中，理论的验证方式就是做《实验手册》中的实验，这样的实验与其说是实验，不如说是单纯地看着操作手册按部就班地重复。

例如,《实验手册》中有这样一个实验:"旋转第三个和第二个旋钮,根据计量器的结果画出第四个和第五个的值之间的关系图。"而学生根本不了解为什么这么操作,只是一味地旋转旋钮,记录数值。然后确认画出来的图形是否符合理论图形。要是不符合的话,就会像"技术人员"一样认为这是个误差,可以接受。这样的实验怎么可能引起学生的兴趣。

## 美国的大学重视学习解决问题的能力

美国又是怎样的呢?一般来说,学生在收到教授给的课题后,就开始自己思考、调研、学习并解决问题。总之,在美国培养学生解决问题的能力是最基本的。

现在商学院的教材均采用企业实例来编写,目的都是为了培养学生处理实际问题的能力。老师经常这样向学生提问:"读了这个案例,如果你是那个公司的经理,你会怎么做?"这种授课方式不仅限于大学,从小学开始就一直采用这种教学方式。

我孩子就读的康奈尔大学经常会出一些"请做出什么……"之类的作业,目的就是让学生自己思考研究。其中还有些很著名的研究课题。

有一个课题是关于一次性相机的。一次性相机(胶卷上附带个镜头)是相机和胶卷合在一起出售的,但是售价却仅是胶卷的价钱。

问题是:请调查一次性相机为什么这么便宜。

那么授课是怎么进行的呢?

首先,老师出钱让学生买一次性相机,然后将一次性相机分解,研究它的各个部件。在这个过程中,学生自然会产生疑问,一次性相机与普通相机会有什么不同。

接下来再分解一台普通相机。普通相机价钱昂贵，所以只能大家共用一台。研究发现，一次性相机和普通相机虽然都有镜头，但是一次性相机使用的是塑料的小镜片，普通相机使用的是玻璃的大镜片。镜头好像差别很大。然后大家再研究为什么塑料镜片比玻璃镜片便宜，反过来说，使用玻璃镜片好在哪里。

还有一点不同就是，普通相机有调节焦距的装置，而一次性相机没有，只有一个小孔作为取景器。学生的疑问来了，一次性相机是怎样成像的呢？大家就用一次性相机来拍照，发现它虽然不能调焦，但是被拍摄的对象无论位于何处，拍出的照片都不会模糊。这样，学生就会思考这其中的原因，最后得出焦点深度这个概念。

这样，通过各种各样的实际操作，发现各种现实问题"为什么会变成这样呢？"，然后转化成"那么，我要怎样才能弄明白呢？"，促使学生们自主思考、调研，去发掘答案。也就是说，通过自己思考问题、寻找解法，培养判断能力。

其中有个学生要使用电子显微镜研究相机的部件然后写报告，但是电子显微镜不是学生随便可以用的，那么这位学生就得去找管理员老师沟通。如何说服老师同意自己使用电子显微镜，这也是一种学习吧。

话说回来，技术工作者并不需要什么工具都准备好了才能做好工作。有时候也应该去寻找合适的工具，或者改良现有的工具以供实验，或者如果买不起高价的工具就找人借。这都需要跟人打交道。这种打交道的能力对于顺利进行研究也是非常重要的，一定要多加练习。

## 日本的学生，解决问题的能力明显要差得多

我认为无论是什么学科，培养解决问题的能力都是最重要的事情。

以我的体验看，和美国学生相比，日本学生解决问题的能力不如美国学生。

从书中找出答案不能称为解决问题。解决问题应该是思考像一次性相机问题那样、自己去思考现实生活中的问题，然后产生各种各样的疑问，进而再去解决。这才是学习解决问题。如果不训练学生思考现实生活中的问题，并且动手解决，那么就算有再多专业知识，也培养不出思考能力、判断能力和挑战问题的欲望。

那么日本的教育方式有什么失误呢？日本的教育体系以教科书的编写方式为首，这就有方向性错误。日本的学校教育将知识整理成定理教给学生，让学生做的练习只能让学生明白定理与问题是怎样对应起来的，实验也只是教学生怎样复现已经被证明是正确的知识。这样的教育根本不能培养出解决问题的能力。

章末习题经常是这样的：证明以下事实，然后给出问题，并在后面打上括号，注明帕斯卡定理（要求在证明中使用帕斯卡定理）。用这样的方式完成习题也根本没有一丁点儿证明了问题的感觉吧。所以没有人会认为完成了这道习题后，自己就会像帕斯卡一样聪明。其实只要运用这一章学习的内容就应该能证明出来，这就是给学生最大的提示。而帕斯卡是在没有提示、并且不知道定理是否正确的情况下将其证明出来的，这两者之间有云泥之别。这就好像完成许多围棋死活题之后，在实战中仍然无法顺利吃掉敌人的棋子一样。

最近入学考试有自由作文这一考题，用以测试学生的创造能力。按我的观点，抽象的作文无法测试出真正的能力，毕竟任何人都能做到随便想随便写这种事情。

真正的能力是解决现实生活中具体问题的能力。

## 第 6 节 | 思考例题并解决是加深理解的最好方法

通过观察各个不同的事例，从它们的共性和关系可以推导出普遍适用的命题或者法则，这种方法称为归纳。我们要清楚有时候归纳的结果也会引导出错误的结论。不过，有很多事例可以证明，只要深入了解、下工夫钻研、澄清感性的认识，就可以由归纳法得出绝佳的结果。（引自 G. 波里亚著、柴垣和三雄译的《归纳与类比》中的一节，略有变动。）

### 您怎么算得这么快啊

冯·诺依曼是 20 世纪最杰出的科学巨人之一。他既是数学家，又是物理学家，还提出了"可编程计算机"（现代计算机）的概念。正因为如此，有时候现代计算机也称为冯·诺依曼型计算机。

戈尔斯坦曾作为军方科学家与冯·诺依曼合作，参加了世界上最早的电子计算机 ENIAC 的研发项目。他是名军人，同时也是优秀的数学家，曾多次获奖，后来成为 IBM 的特别研究员。我下面要讲的就是这位历史人物在京都大学做特别演讲时，我所听到的一个小故事。说一句题外话，那个时候他注意到了我，并且为我申请 IBM 的奖金出了很大的力。

冯·诺依曼的确非常聪明，有人说："关于数学方面的问题，最好的解决方法就是去请教冯·诺依曼。"开发 ENIAC 的时候也是如此，想请教冯·诺依曼的研究者络绎不绝。

有一次，一位学生来向冯·诺依曼请教问题，但他不在，戈尔斯坦接待了他。当然戈尔斯坦也是一流的学者。他听了问题之后，就建议说："这个问题确实很难啊。像这种情况，最好先编三个例题出来，尝试解答一下。"

第二天早上，那位学生满眼血丝地来了。他按照戈尔斯坦的方法，解例题解了一晚上（当时既没有计算机也没有电子计算器）。这时诺依曼也在场，学生对他说："为了找出解题的通用方法，我首先从解例题入手。"诺依曼说："这的确是个不错的想法。"学生又接着说"可是最初的例题就这么……"这时，只见诺依曼"嗯——"了一下，抬头想了片刻，便对那个学生说："那个例题的答案是×××吧。"

有些天才数学家很小的时候就显出超强的运算能力，对那些很多位数的计算题，他们只要看看就能算出答案。一般来说，这种特殊能力在成年之后就会渐渐消失，而诺依曼却没有。学生花费了一晚上时间解出的三道例题，他仅仅在"嗯——"的一阵工夫就算出了其中之一。

学生惊呆了，接着说第二道例题。诺依曼还是"嗯——"了一下，又马上说出了答案。

学生又说"第三道例题是……"，诺依曼又是"嗯——"，"答案是某某"。学生对诺依曼佩服极了，说道："您怎么算得那么快啊！"

我讲这个小故事的目的不只是要告诉大家诺依曼有多聪明，还要告诉大家一个道理：思考某个问题的时候，从例题入手再分析解决问题是个不错的方法。连冯·诺依曼也肯定了这种方法。

## 欧拉公式

数学里有很多名为欧拉法则、欧拉公式的定理。像复数、级数、微分方面就有数不清的这类定理。当然叫欧拉的人好像有很多,但我要说的是 L·欧拉,他是 18 世纪的数学巨人,特别擅长推导公式。他的做法就是先研究例题,然后根据例题的关联性写出差不多能成立的公式,之后再证明这个公式正确与否,如果正确,则得到一个公式。

例如,我们都很熟知的四面体、立方体、五棱柱(底面为五角形的柱体)等这些多面体,关于面、顶点、边之间数目的关系,有个很重要的法则叫作欧拉公式。

我们先看图 2-1 中的四面体、三棱柱(底面为三角形的柱体)和立方体。看看图中并排的三行数据,你会发现第一行数字(面数=$F$)加上第二行数字(顶点数=$V$)再减去第三行数字(边数=$E$)都等于 2。于是欧拉马上建立起 $F+V-E=2$ 这样一个公式,接下来的事情就是证明这个公式了。

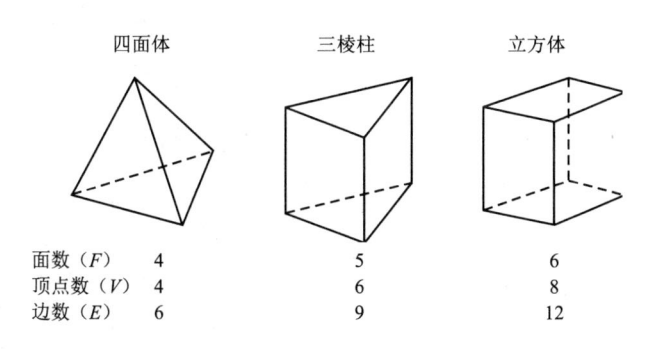

|  | 四面体 | 三棱柱 | 立方体 |
| --- | --- | --- | --- |
| 面数($F$) | 4 | 5 | 6 |
| 顶点数($V$) | 4 | 6 | 8 |
| 边数($E$) | 6 | 9 | 12 |

图 2-1

证明公式貌似很难,其实在这种情况下可以采用归纳法,我们只要在研究例题时多加注意,就可以很简单地证明出来。实际上这个公式还有更深的内涵,此处不再赘述。

据说跟这位欧拉有关的公式定理,大部分都是用这种方法得出的。

从研究例题入手，得出事物的构造，再建立普遍成立的法则或解法，这种方法可以说是开展研究强有力的手段之一。

## 逻辑学家、数学家、物理学家、工程师

抽象出不同事例之间的共性和关系，推导出普遍适用的命题或者法则的方法就是归纳法。欧拉采用三个事例就推导出了一个公式，但显然，想要得出一个正确的结论或假说，就必须让它可以涵盖尽可能多的事例。

当然并不是说举出的符合事例越多就越好，而是通过对事例的思考，发掘问题成立的条件，这才是最重要的。

如果不这样做的话，可能会得出奇怪的结论。数学家 G·波里亚的《归纳与类比》一书中，有一个关于"逻辑学家、数学家、物理学家、工程师"的故事，内容如下。

逻辑学家注重严密性，所以他们很难容忍数学家在严密性上的麻痹大意。逻辑学家调侃数学家说："数学家在研究 0 到 100 之间的整数时发现，每找到一个整数就比 100 小。于是就妄下结论说所有的整数都比 100 小，还跃跃欲试要证明这个傻瓜定理。"

数学家说："可能吧，但物理学家更过分。他们坚信 60 能被所有的数整除。他们的理论是，自然数的开始几个数，如 1、2、3、4、5、6 都能整除 60，然后用他们的话说就是'任取一些数字'，例如 10、12、15、20、30 都能整除 60。所以实验证据充足，60 可以被所有的数整除。"

物理学家说话了："嗯，但是请大家看看这位工程师。他说所有的奇数都是素数。第一个奇数 1 是素数，这倒无可非议，接下来 3、5、7 也没错都是素数。接着到 9 了，嗯，这个 9 真是麻烦啊，怎么看都不是素数，但工程师

说'暂且搁置下来'继续实验。11、13 也都是素数，回头再看 9，那一定是测算时的误差'。便下结论说所有的奇数都是素数。"

我对想出这个笑话的人十分佩服。这个笑话把不同职业的人的癖性都表现得淋漓尽致，这种幽默与智慧很让我钦佩。但是请记住，他的意思并不是要抛弃事例，而是想提醒我们更好地发挥事例的作用。

# 第 7 节 | 培养思考能力的教科书编写方法

美国的生活使我明白了一个道理，教科书式的编写方法是教育的基础问题，它跟培养解决问题的能力有很大的关系。

## 首先通览公式

只要翻看教科书便不难发现，日本编写教科书的方法是，首先从所谓的理解公式开始，让学生从浅入深地做一些适用这个公式的练习。这就是所谓的公式先导的方法。

而美国恰恰相反。美国教科书一般都非常厚，老师和学生可以慢慢、从容地开展课堂内容。

我们来看看美国编写教科书的方法。

① 首先，老师让大家思考一些简单的问题："现实生活中有这样一些问题，大家看应该怎么解呢。"

② 之后，"发现了吧，这样就可以解出来。那么我们再看看下面这些相似的问题"，老师给出一些相似的问题和提示，让学生自己一个一个地解决。随着问题难度的加深，学生对问题的理解也一点点加深了，就会发现"啊！原来必须要考虑这个啊。"

③ 最后，理解这些问题的共同构造或者相关定理。

这就是美国编写教科书的方法。

例如，假设要讲解 $N$ 维空间的公式或定理。老师首先会拿出一维的例题让学生思考，然后证明在一维的情况下成立的定理。接着便会加深问题难度。学生在解题过程中会形成这样的印象："可能会有更普遍适用的规律呢"。

一般性定理是在最后给出的，甚至在练习题中提出来的情况也很常见，"这章的定理实际上是一个适用于 $N$ 维空间的定理。形式就像这样，大家证明一下吧"。

日本教科书则刚好相反。首先证明在 $N$ 维空间下定理成立。证明过程需要对公式进行复杂的变形，这样一来就很难理解定理的来龙去脉了，说到底，也很难有人对 $N$ 维空间产生感性的认识。接着是练习题，都是一些套用刚刚学的定理就能解出来的习题。最终，在学生身上产生的效果就是，"啊！原来如此。在这种情况套用这个定理的话，$N$ 是 3，$a$ 是 5，$b$ 是 0，正好符合定理"。

## "从实质到形式"还是"从形式到实质"

日本的授课方式就是这样，老师先给出很难的公式，然后再让学生尝试理解公式的本质。对学生而言，如果一开始没有跨过这道门槛，不懂公式的话，后面的课就无聊至极。就算有学生明白了，也只是明白了公式的使用方法，对其中的结构、意义未必都明白。即便学到最后也始终不明白公式是怎样得来的。

发现定理的学者都是从实际事例出发，思考"其中是不是有这样的联系啊"，从而得出定理的。牛顿发现万有引力定律可以解释苹果落下的自然现象。如果广泛流传的牛顿这则轶事是真的，那么牛顿就是从苹果下落这个过程感受到了万有引力的存在。

日本的课堂只是教了公式的使用方法，对公式的由来并不重视，教得也不充分。时间长了，学生就会认为数学和理科都是背诵的学科。要是学生忘了公式，那就没办法用公式来解决问题了。

四十多年前我在京都大学读书时，曾听过当时电子试验所的菊池诚博士（日本半导体技术的开拓者）的一次特别演讲。他提到在美国读书时的一件事情，我至今还记得十分清楚。

"如果想开发一种新的电子元件，最重要的是建立起一个元件内部电子运动的模型。要是告诉美国的研究生'做一下这个元件的模型'，他会用大学初级电子物理课上所学到的知识，'首先假设元件内部电场是统一的……'，之后得出'元件的厚度与电压、电流之间有这样的关系'。而同样的事情让日本的研究生做的话，他会回答'元件的边缘电场是混乱的，所以要先设定极限条件。这是相当难的，我先回去想一晚上吧'。第二天再问，他会说'那个太复杂了，我没解出来'。一目了然的模型可以为整个设计指明方向，哪怕只是个相当简单的模型。跟美国的研究生相比，日本研究生的理论水平要高很多，但他们无法把这些知识用到实处。"

这段话的寓意非常深刻。

这种现象似乎不仅发生在理科和数学上。记得在和日本橄榄球队前教练平尾诚二先生谈话时，他曾说："日本橄榄球运动员做了很多传接球的练习。他们知道很多种传球方式，练习的时候也表现得很好。但只要比赛，就会变得一团糟。"

单纯练习公式的使用方法无助于培养思考能力。不用思考也能使用公式，把知识当成单独的模块且下意识地使用，这种做法只对那些从事特定职业、对公式非常熟悉的专家才有必要。对大多数人而言，并不需要过于熟练地运用公式，更重要地是学会推导公式的思考方法、了解公式的内部原理，这对以后产生新的构想以及需要发散思维的产品开发都有重要作用。

## 想写一本好的教科书

斯坦福大学计算机科学系的主任 N·尼尔逊教授非常善于编写教科书。他所编写的教科书就像故事书一样引人入胜。通过解答他出的练习题，学生们便会自然而然地得出定理。他设计的一些例题的核心思考方法和直觉之间有微妙差别，故意将按照直觉解题的学生导入歧途。这时候他再给学生讲题，就会让他们感觉情况发生了翻天覆地的变化，被神奇地引回到正确途径上。如此一来，学生便无法忘记这种思考方法。

日本也有类似的教科书。虽然我当时并没有学习物理专业，但我读过朝永振一郎博士所写的一本名为《量子力学》的书，那正是这样的一本教科书。据说这本书还被翻译成英语，国外也在使用。

我真希望在日本编写这样的教科书，更希望在日本看到更多类似的教科书。

## 第8节 | 创造力、规划能力的基础是记忆力

这里纠正一个论点。

有的人总抱怨："我的记忆力实在是很差啊……"，这么说的人大概内心都很自负，认为自己的思考能力绝对不会输给其他人。但是，真的是这样吗？

实际上，记忆力和思考能力并不是对立的概念。

### 知觉、思考、行动都源于记忆

在日常生活中，人的知觉、思考、行动等方面，如果我们追本溯源，会发现它们最终都与记忆息息相关。如果没有知识和信息作为工具和材料，我们便无法发挥规划和创造的能力。构思就是通过重组脑海中的记忆而产生的。如果没有坚实而广泛的记忆基础，我们根本无法产出优秀的构思。

因此，最有效的学习方法就是记忆。直接把他人长时间思考总结得出的成果记忆下来，这不仅高效便捷，也有助于扩展我们自身的思考。当然，这里所说的记忆，是指"经过理解的记忆"，这一点无须多言。

放眼整个社会，科学发展之所以日新月异，得益于人类所积累的成就通过书、论文和互联网等工具向人们的传播。到目前为止，我遇到的那些取得一定成就的人，无一例外都是记忆力超群的人。

随着现代科学技术的迅猛发展，在任何领域，缺乏专业知识和基础的人都很难取得什么成果。的确，外行人经常也会有所发现，但这只是一种直觉，如果要真正实践或者证明这些发现的话，没有专业知识是不行的。

现在全世界人口基数如此庞大，我想无论什么想法终究都会有一两个人能想到，能不能实现就取决于个人的实际能力了。

## 人类通过遗传留给下一代的记忆量只有 0.0000…%

卡内基梅隆大学的 R·拉迪教授是我之前所在的机器人研究所的首任所长，他在三十多年前就预测到现在互联网社会的景况。现在他正致力于将全球的知识输入计算机中，做成一个通用文库。

好坏暂且不论，计算机绝对不会丢失当下所拥有的能力，甚至还可以瞬间将这种能力传送给其他的计算机，这一点是计算机和人类的根本区别。

对于人类而言，虽然通过学习掌握了很多知识，但是一旦死亡，个体所拥有的知识、思考方法、能力都会随之消失。此外，随着年龄增长，人的能力也会慢慢衰退。计算机却不同，如果"想忘掉"的话，它可以删除记忆，"不想忘掉"的话，便可以永久保存记忆。

人类通过遗传基因的变化有可能让下一代变得更聪明，但一次世代的更替则需要 30 年之久，所以我们也只能通过读书和学习来继承先人的知识和思想。

最终，人类通过遗传留给下一代的记忆量只有 0.0000…%。

而计算机则可以把精华的部分全部保留下来，传递给下一代计算机。从这种意义上说，计算机进化的速度和人进化的速度根本不是一个数量级的。如果我这样写的话，一定就会有人说："人类在记忆力上根本赶不上计算机。

记忆的任务就交给计算机吧，人类只要磨炼自己的思考能力就行了。这才是最有效率的方法。"其实，这种想法大错特错了。

### 存储能力与应用能力

我们常常会碰到这样的事情吧，自己怎样也解决不了的问题被别人先一步解决了，而且那个人之后说起解决问题的方法："实际上这和×××是有关系的，我就是想到了这个才研究出来的"，此时自己一定很懊悔，"我经验丰富，知识也完备，本来我也能解决的……"创意也是如此，很多时候人们会觉得："这样的创意我想出来也不足为奇啊！"

实际上，记忆力可以分成储存能力和应用能力两部分。无论储存了多少，没办法应用的话其实毫无作用。但要是没储存的话也谈不上应用。也就是，只有锻炼两方面的能力才能活用记忆力。

一环扣一环地推断"什么地方有什么关系"是最重要的一种智力。这种智力就是善用脑中的知识，迅速找出事物之间的关联，在看似无关的地方一眼发现其中的内在联系。

计算机可以记忆人类大脑完全无法记下的庞大数据，其中许多资料我们平时根本不会见到。计算机储存之后，我们就可以通过搜索引擎检索。在解决问题时，我们需要把检索出的知识与大脑中已有的知识结合起来形成记忆，否则对研究是没有作用的。

即使计算机储存了丰富的资料，如果人们记不住检索出的资料，将它与现有知识关联起来，并且再次应用于实践中，那么也只能将它们白白浪费。但是，怎样才能形成这种相互关联、能快速应用的记忆呢？

现在也有很多书阐述如何加强记忆力，但我要很遗憾地告诉大家，加强记忆力是没有捷径的。

不过有一点很重要,记忆的时候要尽可能做到理解记忆。在理解基础上记忆的东西才能正确使用。比如研究问题时发现,"啊!这个问题和我去年解决的问题很像",于是很顺利就解决了。但是如果去年的问题没有理解好的话,头脑中就不会映射出它们之间的联系。模糊的记忆会让人觉得似像非像,没有办法活用于实践中。

接下来是联想记忆。联想记忆就是无论读到什么、听到什么都能和自己知道的、经历过的事情联系起来。看到一个东西就要问自己,"如果这样的话……",然后就新知识的用途展开丰富的想象力,从而把新知识变成自己的记忆。运用这种方法很容易提高我们对知识的感知度。

所以,要想在构思、创造和解决问题时游刃有余地运用自己的知识,在记忆时就要问自己"明白了吗""如果这样的话……",尽可能采用理解记忆和联想记忆这两种方法。

# 第 9 节 ｜ 思考力和记忆力是靠不断实践培养起来的

我记得与日本象棋名将羽生善治交谈时，他曾说："下象棋要用直觉。"像我们这样的普通人，在下棋时都是想着"这么下结果会怎么样"，一步一步地"计算"着下棋。而职业棋手则是看一眼棋局，头脑中就会闪现出下一步的走法，这就是所谓的直觉吧。

而我这种比业余还业余的选手，连象棋的规则都还弄不明白。虽然觉得大师说得很有道理，但作为专职和计算机打交道的人，我又希望羽生先生可以在棋路上对我多多指点迷津。

**直觉也是一种计算**

在很多人的眼里，与逻辑思考相比，像羽生先生所说的那种直觉，似乎是一种不同的能力。但我认为直觉实际上与逻辑思考没什么区别。因为我觉得直觉就是计算机科学中所说的"计算"——其实就是信息处理。

这里所说的计算并不是普通意义上的计算，如果你把它理解成加法乘法就错了。计算不仅包括四则运算，也包括循环、逻辑判断、分支、选择、输入输出等，凡是计算机程序能够执行的，也就是可以看成信息处理的，都是计算。

看到一张脸能分辨出是谁、看到某个人感觉很漂亮——我们把这种感觉称为模式识别或感性认识。实际上这也是一种计算。的确，现阶段计算机还不擅长这类计算，但究其原因是人类还不能明确解释"感性认识"的原理，这限制了计算机技术在这方面的应用。

颇具讽刺意味的是，人类对于自己解释不了的计算方法都只能说成是"直觉"或"感性认识"。

曾有人这样说：计算机绝对做不到人类通过直觉所能做到的东西，但实际上，在各个领域里，计算机已经能够和人类做得一样好，甚至开始做得比人类更好。

譬如，有位叫德雷福斯的人曾说："国际象棋计算机绝对赢不了人类的世界冠军。因为人类是用一定的模式和直觉在下棋的。要是输给了计算机，那简直就是弱智。"但 20 世纪 80 年代计算机就很轻松地击败了他，20 世纪 90 年代后半期，人类冠军也输给了计算机。

那之后，又有人辩解说："国际象棋这种简单的游戏根本不能真正地衡量智力水平，像象棋和围棋，计算机就赢不了吧。"就像日美贸易纠纷时，找了"仿造""廉价劳动力""结构壁垒"等一个接一个的借口。如今在象棋和围棋上，计算机确实赢不了人类。但我看早晚会反过来的[①]。

在我看来，职业棋手用直觉下棋其实就是在计算。只不过他已将计算过程变成了自己的功能，计算速度很快，能做到自身"无意识"地计算罢了。

---

[①] 编者注：2016 年，人工智能系统 AlphaGo 战胜了世界围棋冠军李世石。

## 不用万有引力定律，人们也知道物体是往下落的

据说羽生先生六岁就会下象棋。刚开始学下棋的时候想必也一定要实际地去执子下棋，一边记"这么下会这样……"，习惯了之后，不用这样也能很轻松地预见结果了。

大脑中神经元的一些组合，如果每次都按照同一种方式对某些刺激源做出反应，那么这些组合就会形成神经回路。

用计算机的术语来说就是固件（firmware）化。所谓固件化就是把某些特定运行的功能设计成像硬件一样的工作方式。其实，这也是一种学习，它不是从原始原理开始推导，而是将计算方法模式化直接应用。例如，物体会如何下落呢？本来我们可以用万有引力定律推导出物体是往下落的，但每次推导的结果都是如此，时间长了不需要用基本的定律推导计算，我们也能直接预见结果了。

计算机本身也有类似的简单例子。以前的计算机遇到难的函数（比如三角函数）时，都是一次一次地计算。渐渐地，计算机内存价格降低了，容量也增大了，再计算某种函数时就不必再实际运算，而是把结果储存起来，计算时直接提取，这样运算速度就快多了。

## 我从小时候起，就非常喜欢记一些东西

我小时候所受的教育基本可以概括为"读·写·算"。"读·写·算"可以说是所有学科，或者更进一步说，是培养思考能力与记忆能力的基础中的基础。既然是基础，就需要反复地循环应用才能掌握，这是没有捷径的。只有在头脑中形成了一定的知识模式，才能更好地应用。这就需要无数次反复刺激大脑神经元，形成神经回路。

小学时，我就非常喜欢背诵，也非常擅长。在神户上小学一年级时，班主任觉得背诵课本是个非常好的方法，于是就让我们反复读，并背诵下来。背下来之后，我们就在大家面前背诵，然后在教室后面贴出来每个人背诵的进度。我第二学期九月份从丹波的农村转学到那所学校，到十月份时背诵成绩就已经领先于同班同学了。

上小学时，家里非常穷，买不起词典。于是，在四年级时，我借了一年级到六年级的所有国语教科书，按发音顺序把各章节的"汉字一览表"和使用方法都抄写在白纸上，再用线装订起来，做成自己的词典。由于是自己制作的，所以非常爱惜，总是随身带着反复看，反复写，最后就把全部内容都背下来了。

在初中和高中时，为了背英语单词，我将纸对折，一半写上英语，另一半写上日语。背的时候看到"book"反应出是"书"。同样地，从另一面看到"黄色"时反应出是"yellow"。暂时反应不出来的单词就做标记。即便只有一个标记，我也会重新复习一遍所有的单词，不断反复练习直到所有标记消失才结束。

虽说填鸭式死记硬背的教育不好，但如果我们头脑中什么都没有，就没有思考的材料，更谈不上思考了。"填"不见得就是一种不好的方法。关键是怎样"填"。如果"填"的结果使学生像羽生先生那样，能够迅速联想相关知识，那么"填"就是好方法了。

## 第 10 节 | 和不同研究领域专家的智慧对决

要和其他领域的专家平等地争论问题，首先一定要形成自己专业的思考方式和知识积累。要想得到不同专业知识的人的认同真的很费劲。只有拥有专业这个武器，在争论的过程中，才会或感到吃惊、或有所同感，才会从新的视角看问题，得到自己从未想过的意见。这些新发现就会突破原有的思维模式，产生新的想法与构思。

### 对未知事物与更优秀的人的感知

曾经听某个公司高层说过这样一件事："我把其他公司发明的新技术拿给自己公司的技术人员看，问他：'我们采用这种技术怎么样？'技术人员也没做什么研究，就反对说：'这个和我的实现方式不一样，作为技术人员，自尊心不允许我采用别人开发的东西。'"

"技术人员头脑固执，视野狭窄。因为只做专业的知识，所以气度狭隘，缺乏社会常识。真算得上是专业傻瓜。"

专家在自己的研究领域中，其实比外行人更加勤奋，他们具有丰富的经验。从经验的角度来说，专家的思考范围比外行人更广泛、更正确。因此，自尊心强也是很正常的。但是，随着经验的积累，有时人们也会陷入固有观念中，害怕新鲜事物。这样一来，经验反而成为一种消极因素。

因此，对我们而言，从长时间养成的思维模式中跳出来是很难的。

从事计算机技术行业的人通常会发现，随着年龄增长很难再有进步。这不仅是吸收新技术的能力减弱了，更主要的是自身固有的思维方式阻碍了吸收新的思考方式和知识。

为了防止这种情况，最好的方法就是经常接触未知事物。接触未知事物的最好方法就是听其他领域专家的讲话，跟他们交谈。

之后就会惊奇地发现，世界上比自己优秀的人、了解自己不知道的事情的人、想到自己根本没想过的东西的人真是要多少有多少啊。

## 抓住要点，在讲话和做研究上都是一样的

当我在日本时，要是有名字在论文或者报纸上出现过的人来了，我一定要见面谈一下，这样的机会一年最多就两三回。

我所任职的卡内基梅隆大学，在计算机学科领域是最强的三所大学之一，所以经常会有全世界知名的研究员、技术员、企业家来访，而且其中有很多是计算机领域之外的人士，他们总能给我带来新知识的刺激。和他们见面交往就几乎花去了我每天所有的时间。

为了研究，读论文是必不可少的。但与这些知名人士面对面交谈也是一种很好的启发和学习。

你会发现，在交谈争论中，他们所说的话经常能启发自己的思维，让原来头脑中很模糊的东西一下子就浮现出大致轮廓，理出解决问题的头绪。

我的"折纸世界理论"就是在与艾伦·纽厄尔教授[①]的交谈中得到启示

---

[①] 艾伦·纽厄尔教授（Allen Newell），1927年3月19日—1992年7月19日，是计算机科学和认知信息学领域的科学家，1975年曾因人工智能方面的基础贡献被授予图灵奖。

的。他真的非常了不起！虽然与我专业不同，而且我当时还是个毛头小伙子，他仍然认真地听我陈述理论，还和我一起思考，给了我很多中肯的建议，对此我十分感激。

在与纽厄尔教授一小时的会面中，他是绝不跟其他人说话的，屋子里没装电话也没有谁打扰。纽厄尔教授无论听谁讲话都全身心投入，从不打瞌睡或做别的事情。即使演讲的内容很无聊，他也绝对不会在散场之前起身离去，而会解释说："是我自己判断失误要来听演讲的，所以一定要听完。"

纽厄尔教授不但人很亲切，还有很强的洞察力。和他聊什么东西时，只要稍作说明，他就能问出很深入的问题。他还很严格，绝不允许"可能就是这个原因"这种模糊的回答。和他这样的专家交谈就是接受最高等的教育。我从他切中要害的提问方法和探究问题时的严格作风中受益匪浅。

现在我与年轻人谈话时，也努力学习纽厄尔教授当初对待自己的方式。"严格"这个方针执行得倒还挺好，其他方面还有待提高。

## 以专业知识为武器，跟不同研究领域的人对决

最近企业界的人士也开始积极倡导不同研究领域专家之间的会面。与活跃在自己从未涉足的领域专家交谈，意义深远而且还很刺激。这可以说是智慧的对决吧。

"啊！这样啊！那个地方是必须要做的啊！"

"居然会有人研究这个啊！"

"哎呀！原来应该那么思考啊！"

在这样的过程中，有所感触，受到启发。很多时候会听到自己想都没有想过的事情，真是大开眼界了。

无论在哪个领域，有所建树的人都具备将自己专业领域的问题抽象化并思考的能力。即使是不同的领域，思考方法也是共通的。不同领域的人之间可以相互理解的地方其实很多。

这里所说的抽象化并不是指言语的抽象，而是指能够通过特定事例和事情抽象出共同的概念，抓住问题的关键。无论是哪个领域、哪种研究、哪种说话方式或是哪种教育背景，抓住问题要点的方法都是相同的。

因此，泛泛而谈是毫无意义的。我们要像在主场作战一样，把自己专业的实践经验、优势运用出来，这是最重要的。就好像足球比赛现在分主客场进行，决定胜负，球迷们狂热支持主场，所以主场作战能得到巨大的声援，比赛相对轻松；但客场比赛就像孤军奋战，要想取胜也更困难。客场作战的胜利才真正体现了实力。

# 第 11 节 | 辩证地考察素质教育与填鸭式教育

教育，首先要让学生对知识、创意所产生的效果萌发惊讶、尊敬的感觉，进而培养学生思考的意欲和能力，并且掌握知识的运用技巧。教育最宝贵的资源就是学生的时间与注意力。怎样有效地利用时间、集中学生的注意力是教育方法中必须研讨的问题。

### 能够自主学习的机器人可以使自己变聪明吗

最近，机器人专家制造了很多能够自主学习的机器人。比如，他们先向机器人输入一些可以实现基本功能的程序，例如，"前进""向右转""向前方发送声波，检查是否立刻反射回来""前进不了时后退"。接着输入"将多种基本功能随机组合，执行"这样的程序。

在此之上再向机器人输入类似"在各种组合中，倾向于执行最后能够运行成功的组合"的学习算法程序，这就是强化学习方法。比如给机器人设定"尽早到达目的地"的学习目标，然后放手执行。

刚开始机器人总会撞到东西，向这边移动一下、向那边移动一下。一段时间后，机器人就可以顺利移动而不撞到东西了。可以说，机器人明白了"最好不要撞到其他东西"的结论。

但也有人会说："其实，这根本不是机器人自主学习了，而是人类事先写好了学习程序，告诉机器人最终要怎样做，然后机器人再学习的结果。"

这种说法就好像是，有人说，"我的孩子变聪明了"，而别人说"不是孩子变聪明了，而是你按照让孩子变聪明的方式来教育了他"。

总之，人类社会和机器人不同，人类不仅能从无数次的尝试中总结知识，还能通过有组织的教育来学习。

## 圆周率等于3可以吗

最近在日本，有一个关于教育的争论：素质教育和填鸭式教育。

举个例子，随着学习指导纲要的修改，有人提议将一直以来教授给学生的圆周率"3.14……"改为"3"。这种做法马上就引起了不小的争论。如果该议案是基于"避免背诵繁杂的知识，削减教育内容"这一政策基础，那它与"培养解决问题的综合能力"这个方针相悖。把圆周率改为3，固然可以节省计算时间、让学生了解大概的结果，但对于提高计算技能却没有一点帮助。

以前，为了应付考试采用了填鸭式的教育方式，这使得孩子们的思考能力有所欠缺。因此，现在采用重视体验和培养思考能力的素质教育方式。然而，新问题又出现了：孩子们连基本的计算都不会，能力低下。于是又督促他们反复学习，结果又遭到非难，说这是填鸭式教育的复活。

就这样，形成了"填鸭式教育=坏=记忆和反复学习"，"素质教育=好=重视思考"的式子，关于这两种教育的争论引起了很大的混乱。

通过报纸等媒体，我们会发现相关人士的言论都徘徊在"列举填鸭式教育的弊端，强调不能回归于这种教育方式"和"素质教育会导致学生能力低下"之间，似乎暂时还不会有什么好的解决方法。

## "记忆、反复学习"和"重视思考能力"并不是相反的

"我们发现,如果将圆的周长与直径作比,其比值是π,这个π真是个不可思议的数字,它既不是有理数也不是整数。"讲课就应该像这样调动起学生的思维,让学生对各种各样不可思议的自然现象产生兴趣。这样就会培养学生的兴趣,使他们乐于思考,进而提高解决问题的能力。这就是解决问题的学习。

从实用的角度来看,我们只要记住圆周率的值是"3.1415",这样的精确度就足够用了。在日常生活中,为了快速估算圆的周长或面积的大概值,我们使用 3 计算也未尝不可。这种计算就是圆周率的应用技巧。在我看来,从这两个方面来培养学生都是必要且重要的。

培养思考能力是养成"像外行一样思考"的必经之路,记忆与反复学习是"像专家一样实践"的力量源泉。素质教育与填鸭式教育的理念争论似乎是场对立的战争,而从辩证的角度讲,它们根本不是对立的概念。一个行之有效的解决方法就是推行"像外行一样思考,像专家一样实践"的理念。那么对于我们,应该做些什么呢?

对于圆周率这样重要的概念,教育工作者应该——也有义务——发明一种更有效的方法,让学生理解这个概念的来源。要是没有这种方法,就无法培养学生的思考问题、解决问题的能力,也就无法实现面向解决问题的学习。

每年有成百上千所学校或者大学在教授学生同样的基本概念。其中肯定有很多成功的方法和失败的经验。教育界应该组织活动促进经验交流、改良教育方法。政府也应该出资鼓励这类活动。对于好的方法,政府可以出资使其商品化,并推广开来。

另一方面,是否采用"记忆、反复学习"的方法要视各个学生的熟练程

度而定，根据学生对知识的掌握程度辅以适当的练习。为了更高效地实行"记忆、反复学习"的方法，应该积极地利用计算机等新技术。

比如卡内基梅隆大学的计算机系就开发了一套名为"LISTEN（听）"的系统供教师使用。还有一套叫作"代数个人教师"的代数教学系统。这些系统并不像原始的"CAI（计算机辅助教育）"程序那样只是简单地提出问题、计算分数，而是包含了人工智能领域的声音识别系统与语言处理系统、是以人的认知思考模型为基础开发来的，是真正可以根据各个学生的知识水平开展教学的"个人教师"。

现在，匹兹堡近郊的 300 多所学校都采用了这些系统，效果非常惊人，从测试成绩上看，成绩提高幅度达到 15%~25%，有时甚至达到 50%甚至 100%。研究并启用这种新方法应该是教育界的责任，而拿出资金援助就是国家或地方自治体的责任了。

# 第 3 章

表达"自己的想法",
说服别人实践

# 第 1 节 ｜ 说服——好酒也怕巷子深

日本的研究者和技术者普遍有一个令人惋惜的缺点，就是有时候他们虽然做了出色的研究，但是当在向世人宣布成果的时候，或是因为英语的原因，或是因为演讲的方法不得当，往往得不到世人的理解。

可以使用数学式子、图表等共通语言来表达的科学、工科等，相对于文化类的学问而言，解说起来也许要简单一些，但也存在同样的困难。我认为把自己的想法、研究成果传达给他人，说服他人，这也是研究活动的一个环节。

## 想法和结果被人了解才有价值

有人认为"好的想法即使不说出来别人也会理解"。其实这种情况只有在大家的价值观和行动方式都相同的同一社会里才会实现，而在如今多样化的国际化社会里很难实现。

或者是这个人所做的事情的价值，早已通过某种方法得到了世界上大部分人的认可，那么他才不需要再通过解释来获取大家的认可。

有人觉得："我有好的想法和优秀的成果，但是却没有人认同我，人们真是有眼无珠，跟这些人讲我的成果简直就是在对牛弹琴。没办法，只能忽略他们了。"遗憾的是，他们只是不愿面对现实，嘴上逞强而已。

在我看来，得不到人们认同的想法不能称之为想法，不为人们所知的结果也没有价值。因为这些都不能对他人产生影响。

一般来说，沉默是得不到别人认同的。只有把自己好的想法或成果通过演讲或者读物向世人传达才能得到理解和肯定。这些都是研究活动的一个环节。

**不需要语言吗**

也有认为不需要语言的人。

有人说："我去了××国。和别人交流的时候互相通过手势、肢体语言和蹩脚的英语就能沟通。即使没有语言，只要人们之间有那种默契，就能做到相互理解。"

这听起来也许不是骗人的，正确的一点是，不需要语言就能沟通的东西，肯定是可以互相理解的。确实，每个人都掌握一定的交流模式，只要通过当时的情景、表情、动作，就能猜到对方想要说什么。如果全是这种凭猜想就可以理解的事情，那倒是不用语言了。的确，去超市买东西的话，一句话不说也能买到东西。

但是去医院怎么办呢？虽然身体表面哪个地方生病了可以用手指指，体内生病的话可以画出来告诉医生，但究竟是抽痛还是刺痛却很难不用语言表达。

况且在讨论技术问题的时候，还需要用到更抽象的概念和事例，没有语言的帮助是不可能沟通的，跟他人交涉重要的事情就更不用说了。

在如今国际化时代下，不管是喜欢也好厌恶也好，英语这个工具是非常重要的。曾经听欧洲的研究者说过，在欧洲，各种研究计划、资金调用都需要在欧盟的框架内运作，所以从研究提案书到报告都需要用英语书写。的确，欧洲人无论是运动员还是政治家、技术者，都能熟练运用本国语言和英语。

还有人认为，不愿使用外语不仅仅因为它是障碍，而且从民族的立场来说会有某种厌恶感。其实哪种语言成为国际通用语言，就像货币一样，是受经济、政治、地缘政治学的影响而决定的，历史也已经很好地给我们展示了这个规律。

现在，我们为了向世界宣传、扩大影响，就得克服障碍学习英语。可以这样认为，和以英语为母语的人相比，我们头脑思考得更多，更能有意识地去提高表达能力。

## 明白的、不明白的，让人听的、不让人听的

言谈（或者书籍）可以分为明白的、不明白的，让人听的、不让人听的几部分。按这种分类方式，明白的部分当然同时也是想让人听的部分。这部分的内容就和想法、结果、组织、用词、说话的技巧密切相关，而且，相关联的顺序也保持一致。

以我的经验来看，一件好事——有好想法和好结果的事情——讲起来就比较容易。首先，自己就愿意讲这类事情，潜意识地会迸发出很大的热情。有了热情就会对大到讲话的内容编排、小到细节部分都多加注意，就会把这种热情传递给听众或者读者。

组织讲话内容很容易。只要按照"先这样，然后那样，最后得出什么"的结构就可以了。但是这个时候是从结果切入，还是从背景切入呢？无论从什么地方切入，都需要一份贯穿全文、能够得到听众或读者认同的概要，这个概要就是，讲清楚为什么要讲的内容很好。

如果有了一个完善的概要，那么说起来或者写起来就轻松多了。因为我们已经很清楚哪个地方应该说什么、应该有什么样的微妙感觉，所以寻找与此相符的文章和词语也很容易，很自然地，适当的话就会浮现。即便没有马上浮现合适的词语，通过查词典、查看其他论文中的类似表达，或者直接询问别人，也可以做得很有条理。

而且，也可以很自然地知道在什么地方停顿。不可思议的是，即使用外语说或写也是如此。停顿的技巧在任何国家都是相通的。

其实，一次精彩的演讲会涉及许多事情，内容也会很丰富，所以在讲解中开开玩笑也很容易，可以讲很多有趣的事情。如果根据听众的反应适当地讲些趣事，就会起到和适时停顿一样的效果。

总之，好想法与结果是一切的基础，没有这两样就不可能做出精彩的演讲，写出出色的论文。但是，即便有了这两样，也还存在演讲方法、论文写法等问题。

我认为，"亲切"地对待听众或者读者的这种心情才是最基本的东西。

心里要想着不能偏离要讲的理论，要保持一贯性；不要为了炫耀说不着边际、难以理解的话让听众感到无聊。要想象讲述某个地方的时候听众或读者是怎样想的。只要设身处地地为听众或读者着想，讲出来的东西就自然会出彩。

这本书并不是专门解答关于演讲方法和写作方法的，我结合自己的经历给大家讲几件有意思的轶事。

## 第 2 节 | 不做铺垫直切正题——这样的讲话会令人深思

演讲时，听众最厌烦的就是冗长的铺垫了。怎样才能不做铺垫快速切入正题呢？有一个很重要的策略，就是"先出手中最好的牌"，我称它为 Best First（最好的放在最前面）原则。

**日本的研究者和技术者不善于在国外演讲**

的确，无论是在大型国际会议上，还是在拜访我们研究所时开的研讨会上，恕我直言，一般日本研究者或技术者的发言（演讲）都难以让听众接受。因此，他们自然而然地就认为用外语演讲是不利的因素。

这是什么原因呢？我认为日本人演讲时的铺垫太多了。一般演讲应按照研究背景、现状、研究的理论及结果，对未来的展望这样的顺序组织。然而，像研究的必要性和与之前技术的比较等这些内容，老实说，了解这些的人已经知道了，而不了解的人仍然不会理解。因此，大部分听众会感到非常无聊。

我认为不做铺垫，直接从听众最关心的结论开始，然后在中途无论什么地方结束都是可行的，这种演讲策略是非常重要的。

## 听众最感兴趣的是开始部分

从听众的角度看,他们都希望演讲时不做铺垫,尽快讲出结论,也就是最有趣的地方。图 3-1 显示了听众的关心度随着时间推移而产生的变化。演讲开始时,听众的关心度最大,然后随着时间推移会急速下降,最后在演讲快结束时,又再次升高,最终结束。这是我根据自己的感受与观察他人听演讲时的情况所得出的结论,是我作为心理学外行人士观察的结果。

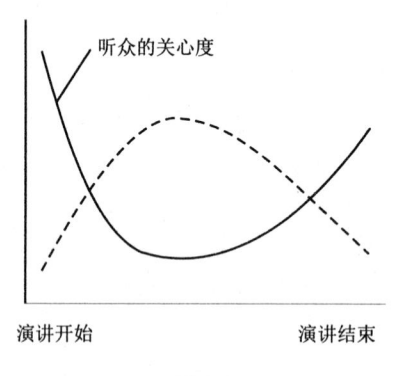

图 3-1

在演讲刚开始时,听众的注意力一般都比较集中,都竖起耳朵想听听演讲者到底要说些什么。但是过了一会就开始犯困了。等到演讲快结束时,又突然一下子精神起来,到最后就是鼓掌了。

而演讲者一般采用的方式都是像图中虚线那样,把最重要的部分放到中间。这样,听众关心度最高的时候听到的都是众所周知的东西,而最重要的部分却没有听到。到了最后,又是前景展望,结果听众对演讲的印象当然非常不好。

## "倒着使用准备的幻灯片"

有一次，我们学校来了一位日本企业的年轻技术人员。他因为开发了车载立体声频道的声控系统，要在卡内基梅隆大学声学研究组做一个演讲。

我问他："你准备怎么讲呢？"

他回答说，首先要介绍我们公司研究所的组织结构、研究哲学以及研究领域的展望；然后在剩余三分之一的时间里，讲述这个课题的新研究内容；最后向大家展示这套系统的功能。因为在公司时，大家都说演讲应按照研究的背景、现状和必要性这样的顺序组织。

虽然他的研究领域并不是我的专业范围，但是通过一对一的对话，我了解到他所进行的是一个独一无二、非常出色的研究项目。

尽管我自己也觉得有些多管闲事，但还是对他说："如果你这么演讲的话，除了主人出于礼貌不会离开，性急的美国人中途都会走掉。"他问："那怎么办啊？"我建议说："倒着使用你准备好的幻灯片就行了。"

完全倒过来使用是有点夸张，其实就是应该这样来思考：如果只能使用一张幻灯片，应该用哪个？如果只能使用两张呢？三张呢？也就是把手头的幻灯片按照重要程度重新排序，遵照 Best First 原则使用。

于是，顺序基本就和原来的反过来了。

① 我制作了一个能够通过声音控制车载收音机的装置。这个装置可以在行驶的汽车中识别 30 句话，实时识别精度达到 95%。

② 汽车发动机的声音和音响本身的声音等背景噪声都很吵闹。去除噪声之后再进行计算，是这套系统高识别率最重要的秘诀。

③ 为了达到这个目的，我采用了 A 方法。

④ 我也考虑过 B 方法和 C 方法，但从我要达到的目的来看，A 方法比 B 方法和 C 方法更好。

⑤ 我研究该产品的原因是，我所在的研究所负责向汽车公司提供相关产品。

这就是我给他提供的建议。他听取了我的意见，花了一整夜的时间重新制作了全部的幻灯片。

第二天，我问他结果如何。他说："我讲了 20 分钟，剩下的 40 分钟大家不停提问，场面十分火爆。"

为了把最重要的部分放到前面，就只允许必要的、最低限度的铺垫，演讲自然就不会冗长，变得简洁。演讲的推进也要与听众的期待相吻合。听众听到一个好的结论大都会想知道它是怎么得出的，这时就讲研究方法；而如果听众想知道为什么别的方法不行，就再说明一下，根据研究的目的有哪些理由导致别的方法不可行。

Best First 原则还有一个好处：先讲完重要的部分，之后无论在什么地方都可以结束演讲。即使是讲完第 1 张幻灯片就结束也可以。要是按常规的演讲方式，还没讲到重要的部分时间就到了，只好跟大家说"由于时间不多了……"然后匆匆忙忙讲完了。运用 Best First 原则就可以有效避免这种情况。

## 第 3 节 | 用说明的方式陈述结果

也许是为了表现谦虚，经常会听到日本人啰里啰唆地说"这不是什么了不起的研究……""对不起，我的英语不是很好……"等这样的话。但是，研究到底好不好，英语到底出色不出色，一听就知道，判断好坏应该是听众的职责。

**不要以道歉开始**

做演讲或者发表研究成果时，千万不要从道歉开始，那样会让听众很扫兴。因为你占用了其他人非常宝贵的时间，所以一定要准备好，自信地对大家说"大家最好听一听"，这才是对听众最好的谦虚态度。

很多年前，我在美国人工智能学会的招待会上做过一次演讲。有一位美国教授对我说："听你的演讲，我心里想的就是'哦，是这样啊''是这样啊'，不知不觉就结束了。听完之后，有一种'理解了一些很深奥的理论'这样的感觉。"这是我目前所收到的最好的褒奖。之后我领悟到了演讲方式的精髓。

那就是，把背景介绍放到后面。有好的研究成果再介绍研究背景才有意义。听众先听了一个绝佳的研究成果，就会感到"啊！这样啊！这就解决了那个难题啊！"，然后再听研究背景也不会感到无趣了。而在没有得到什么研究成果的情况下，大家都不会关心研究背景。另外，如果在演讲的开始阶段，在听众还不知道结论的情况下就介绍了背景知识，那么听众就得一直记到最后才能将它跟结论相结合，这就有点太勉为其难了。

背景介绍和具体研究成果的介绍并不一样，它需要使用抽象、概念性的语言，所以演讲的节奏就会变得很慢，很容易变成无聊的内容。再加上需要用外语讲，就成了演讲中最大的障碍。

## 只要内容正确，介绍不精细也可以

要保持恰当的演讲节奏，并尽量减少外语演讲的不利因素，行之有效的一个方法就是，要保证内容正确，介绍不必精细。

例如，假设我们要叙述一个定理："除 P、Q、R……的情况下，可以由 A 得出 B。"如果是一个讲求精细的人，就会从说明 P、Q、R……开始。但讲到 Z 时，恐怕听众早就不知所云，失去了兴趣。最好是先说"由 A 可以得出 B"，然后说明定理的作用，展示这个定理确实正确，使听众认可。

接着提出转折"但实际上……"，继续说明例外情况和产生例外的由来，由此加深听众对定理的理解。如果时间有限，可以仅指出有例外情况。更高级的做法是引导听众自己产生疑问："是不是有例外的情况呢？"这时再解释就能达到极好的效果。

但"不精细"与"不正确"是两个不同的概念。把做不到的说成能做到，或夸大实际能力，这些都是谎言，都是不正确的。另外，把"不精细"与"粗略"混为一谈也是不对的。所谓的不精细并不是将所有内容都粗略地说一遍，而是要剔出冗余的部分，只保留必要的部分并认真讲解，这才是关键。

对于论文，我们必须正确、缜密、一步一步地阐述。而对于演讲，继续沿用写论文的方法效果就不好了。论文的读者可以自由选择时间，可以重读。而演讲是一维的，只能沿着时间轴向前进行，而且听众还不能控制时间快进、慢放或者跳过。再者，阅读论文和书是以兴趣为出发点的，而演讲就不同了，你很难保证听众对所讲的内容感兴趣。就像电视剧《神探可伦坡》那样，一开始先告诉大家结果或者结论，引起人们的兴趣后，再展开情节。要是不这样的话，观众早就看不下去了吧。

## 英语不好就单刀直入

这样看来，用外语演讲的不利因素其实很少。外语不好的人，当然不会使用那些空洞的华丽辞藻，这样反而有利于有单刀直入地开始演讲。这样就将不利因素变成了有利因素，这就是我的理解。

通常，我们总担心如果没有铺垫是否能让听众理解演讲内容。但俗话说，"眼睛也会像嘴一样说话"，因此，"结论也会像说明一样赢得听众的认同"。

我想请大家试试不做铺垫、单刀直入的这种演讲方法。不仅是演讲，像在会议这样一些需要说服别人的场合，这种方法都是很有效的。

但是，千万别忘了，要有好的结果、好的想法才能用这种方法。

# 第4节 | 不是通过说明得到认可，而是在认可的基础上进行说明

大家有没有像这样对孩子或部下发火说："要说多少回你才能明白！"

但是，这真的就是孩子或部下的错吗？我经常对学生说："要想想怎样能先让人理解再做说明。想通过说明让别人理解是很难的。"一般来说，说明的作用就是让别人理解，但事实上并非如此。

## 讲话要从唤起听众的印象开始

要讲明白一件对方完全不知道的事情是很难的。比如，向一个根本不懂高尔夫的人讲解打障碍球的技巧，对方根本就不会明白。讲一些对方根本没有兴趣也不关心的、甚至无法想象的事情就是对牛弹琴。

演讲也一样。如果一直讲听众都不懂的东西，那么听众就只能睡觉了。要先讲五六分听众明白的内容，在听众觉得"是的，是这样的"的时候，再加四五分听众不懂的内容，听众就会觉得"啊！原来如此啊！听了这个演讲真有收获啊！"

这是因为，要把新知识变成可用的知识，就必须让新知识和已有的知识联系起来，如果仅是讲新知识的话，听众就无法把它和旧知识关联起来。

作家司马辽太郎的作品就很善于做类比，使读者很容易就了解相关的历

史知识。这也是他的作品广受欢迎的秘诀之一吧。比如，在讲明治初期，日本怎样引入西洋文明时，他是这样开头的：

"汽车的发动机中有一个叫作配电盘的东西。不用说，它就是给气缸组中各个气缸的点火栓通电的装置。通电后就会按照一定的顺序打火。

"明治初年，处在西欧文明接受期的日本就是这样一个发动机。

"而配电盘就是东京帝国大学（以下简称东京大学）。东京大学创立的初衷就是承担配电盘的角色。现在我们东京大学之所以依然是权威，就是这个原因。

"一直到明治三十年（1897年）京都帝国大学成立，这三十年间虽然日本只有上述这一个'配电盘'，但实际上它工作得非常好。"

（引自《这个国家的状态》三、〈文明的配电盘〉、文春文库。）

把明治维新时期的日本比做发动机，很容易使读者对推动变革的力量留有印象，而且也暗示了读者，明治维新是国家高层有意识进行的改革。但是，要注意我下面叙述的"举例子"的危险性。

## 复杂的理论也要让人理解

构建了现代互联网理论基础的美国加州大学洛杉矶分校的伦纳德·克兰罗克教授可以说是演讲的天才。听他的演讲真可谓是开了眼界，即使是再复杂的理论，他也能讲得深入浅出。

网络通信领域有一个基础理论叫作"排队原理"。以打电话为例，为了满足人们的需求要使用多少条电话线；怎样使各个请求不冲突且能有效地分配线路，这些就是该理论分析的问题，这是一个极其复杂的理论。伦纳德·克兰罗克教授讲解时首先以提问开始：

"各位，为什么我们需要这个排队原理呢？"

"我们要共享资源，而资源量和需求量之间可能会发生冲突，这个原理正是用来处理这类冲突的。冲突以外的场合并不需要特殊处理。如果把会议上的发言时间（也就是空间容量）看成资源，当资源大于需求时，也就是基本上没有什么人想发言时，那有谁要发言就直接发言好了。相反地，如果需求大于资源，也就是大家都非常积极地抢着发言时，那么就要预先约定好顺序，让每个人在规定时间内发言。这样一来，每段发言时间都被百分之一百利用起来，也解决了冲突的问题。"

我听过不少关于排队原理的讲座，看了不少这方面的书，也尝试着理解那些复杂的公式，但是令我羞愧的是，我根本没有注意到这个理论的出发点就是这样极其简单而又自然而然的事情。

随后，克兰罗克教授还介绍了计算机和网络所使用的以太网和总线技术，并分析在资源极大和需求极大两种极端情况中，这两种技术是怎样取得平衡的。他总是巧妙地将各种技术的轶事和玩笑融入讲解中，这样我们就明白了在可以解析各种现象的公式中，哪个部分是关键，因此，我最终学会了排队原理。

其实仔细一想，即使是专家，对于这么复杂的公式，也很难从右到左进行推导并熟记下来。而克兰罗克教授却能信手拈来，正是因为他理解了公式的思想根源啊。

## "说话通俗易懂的教授没有什么了不起的"

虽然我的讲解不像克兰罗克教授的那样绝妙，但也被听众评价为很容易接受。有一次，我给从葡萄牙来的学生讲解一种计算机影像理论，这种理论中应用了影射几何学，他们称赞说："一直以来都不明白的东西，今天终于明白了。从来没听过哪位教授像您一样，把理论说明得如此简单易理解。"

我说："这就是我们教授的工作啊。"

而他们说："葡萄牙可不一样。大家都认为如果一位教授把话说得让学生容易理解，那说明他不怎么样。"当时我就想，日本也有这种想法吧。

把话说得容易理解与降低内容水准是不同的。造成这种差别的是选择例子的方法。要想让人容易理解，重要的就是要讲一些大家有兴趣的、关心的、能表达本质的东西，这就需要举一些浅显易懂的例子。

但是，想出这些浅显易懂的例子是很难的。太简单的话，如果脱离要说明的东西也能被人理解，就很难作为例子；太难的话，就会连例子自身也不明所以，更无助于他人理解了。

举例子的秘诀是，找那种没有自己要讲、要说明的内容就无法解决的问题。而这个问题又必须是最简单的。最高的境界是，说出自己的理论之后再说："看！我说的理论能解决问题吧！"完美的做法就是多准备些这样的问题，在讲解的不同阶段一一抛出。其实，这也是在考察讲解的人是否真的明白自己所讲的内容。

"我明白但是讲不出来"，这根本就是骗人的。

## 第 5 节 | 和别人说话时要看着对方的眼睛——要对自己说的话自信

有一段时间，石原慎太郎和盛田昭夫的书《日本可以说不》成了人们谈论的热门话题。这本书是为那些总对他人——特别是在国际政治中唯命是从的日本和日本人敲警钟的。

我要说的和这本书也有相同的地方，有必要训练日本人"可以看着对方的眼睛说话"。

### 在国外要看着对方的眼睛说话

在国外，明确地说出 NO 或 YES 是十分重要的，而且如果说话时没有看着对方的眼睛，就很容易让人产生误解。例如，在海关被问："你身上带有危险品吗？"或者警察问："你做什么非法的事了吗？"如果你只是小声说"NO"，目光还游移不定，就会让人觉得"这个人很可疑啊！"因为他们认为，目光游移看起来就代表没有自信、不确定。

在日本，说话时还是不要直视对方眼睛的好。特别是女性，这样会被人认为比较娴静。记得还在日本的时候，不知道出于什么原因，我说话时就是看着对方眼睛的。即使是这样，真在美国生活了，跟别人说话时，要是自己在想点什么东西也会把目光转移走。

在 FBI 出资的一个研究项目中，有一项内容是给接受审讯的嫌疑犯录像，然后用计算机处理分析他是否在说谎。审讯过程中，嫌疑犯即使是一瞬间眨了一下眼睛，也会像目光游移一样被认为是推断嫌疑犯撒谎的关联因素。

看到了这项研究的国防部研究负责人问我说："金出教授，如果对这项研究注入更多的资金，三年后能研究出一个可靠的系统来吗？"我当时移开了目光，眨着眼睛说："YES。"

## 要有自信

看着对方的眼睛说话时，要么是对自己所说的话很自信，要么就是对自己本身非常确信。实际上，吵架时估计没有人会不看着对方的眼睛。

经常有人评价我说："听了金出博士的话，就觉得更有自信了。"如果说有什么秘诀的话，那就是我在说话时心里每时每刻都对自己很有信心。只要自己有信心，说话时就不用夸大其词，就算看上去很谨慎也仍然会有很强的说服力。自己都不相信的东西，同样也无法用来说服别人。

研究者基本上都应该是乐观主义者。实际上，研究开发就是这样的性质。研究者就是一群要研究未知事物的人。如果研究者本身都时常产生"这个根本就是未知的啊"的顾虑，那一定是不行的。如果研究者认为某项研究"不像能成功，但还是做做看吧"，那他基本不能成功。因为就算认为"一定能成功"然后去做，大多数情况也都以失败告终。只有通过详尽的调查，正面挑战认为"可行"的问题，用知识去证实问题，打开突破口，才能最终成功。

## 自信来自正面、积极的想法

我所承担的几个大项目,像横穿大陆的自动运输车、汽车或是飞行器上均配备的自动监视系统等,成功之后再回头来想想,每个都像走钢丝般危险。

比如前文提到的超级碗大赛中的"Eye Vision"系统就是一例。"Eye Vision"系统是新设计的,它需要把 30 台机器人摄像机安装在可以容纳七八万人的室外体育场的上方,所用的电源、录像机、以太网网线等设备一直连到体育场外的转播广播车上,每个摄像机连线达 600 米,全长就是 18 千米这样一个庞大的系统。

真正转播的日子是在 1 月 28 日,但在前一年的 9 月就已经开始计划了,可是一直到 12 月初,也就才能确保几台机器人摄像机就位而已。12 月 24 日圣诞节前夕,在纽约巨人体育场用 5 台摄像机做练习时,开发中的软件让我们认识到要想使用 30 台摄像机,目前所做的准备工作还差得很远。最后,机器人电源的电容器又不知道什么原因爆了,导致电源无法使用。事故就这样接二连三地出现。

甚至到转播的前一周 1 月 21 日时,30 台机器人中能动的还只有一半,并且由于电容爆炸的原因,这个数目还在减少。

解救了这场危机的是三名工作人员,他们三个是研制完全自动飞行直升飞机项目的成员,而且在图像处理、计算机系统、通信软件、电路等方面可以称得上是专家中的专家。他们三个有彻夜工作的精力,对检查和工作都非常细心。我一直相信,有了他们就一定可以取得成功。可以说,对于"Eye Vision"这套系统,我做出的最大贡献就是相信他们。

之后,他们对我说:"那个时候,看金出教授一点担心的表情都没有,一直说'能成功,能成功的',才使我们坚持到了最后。"

大多数成功的系统一定也都是这种情况,大家看看电视剧《X 计划》（*Project X*）就能想象了。

能够拥有这样的经历,我是幸运的。我从中也学到,作为领导,一定要把自己的自信"传染"给部下。

## 第 6 节 | 称赞与论点鲜明的讨论

讨论中最重要的事情就是不要忘了所讨论的问题。除此之外，其他事情、比如说话方式什么的都不要说。即使是在和自己学生讨论时，我也坚持"只说当时该说的话"。如果不这么做，就不再是进行正确与否的讨论了，而会引起对方感情上的对立情绪。这对双方都没有好处。

### "Enjoy"文化与"极限"文化的区别

称赞似乎是全世界共通的良药。

我真切地感受到，美国人真是称赞别人的高手。比如，网球教练在授课时经常会称赞说："啊！好球！""漂亮！"要是我们看了，估计会想，"这就算是好球啦？"，然后心平气和地连发几个这样的球。

他们无论什么事情都爱用"Enjoy"这个词。英语中这个词的含义比日语中的"享受"含义更广泛，它的意思是无论好事还是坏事，都去体验、去感受。而在日本，不论是花还是茶，是足球还是棒球，都提倡"达到极限，不断锤炼"。这就是日本文化的根基。而后，最终就成了"~道"（例如"花道""茶道"）。

所以，当美国人看到日本棒球名将铃木一郎时，就被他那种像求道者一样锤炼自己的魅力所感染，表达了深深的尊敬。这是美国一家体育报纸上所写的。

两国文化的不同也体现在孩子的教育上。日本人对孩子的教育是从改正缺点方面入手。所以大部分家长,也包括我,很少会夸奖孩子。在教育孩子时经常说:"这都不会啊!不行啊!你爸爸我小时候……"现在想起来还觉得真的是不好。

当然,夸奖不仅对孩子起作用。对大学生和研究生也一样,要是夸上几句:"啊!这很不错啊!""成功啦!这么难的事情都能成功啊!"就可以看到他们干劲大增。不要推说自己不会称赞人。不过,研究生院和研究所可不是网球俱乐部或者小学,仅靠称赞是不够的。当他们做得不够或糟糕时也一定要明确指出来。

## 真诚相待——讨论时要明确双方意见的对立点

我跟学生聊严肃话题时从来都是直言不讳的。我会对学生说:"不,这不对。你思考一下这个例题。为什么会得出那个结论呢。好好深入地想想!"

但我还是得到了学生的爱戴。虽然我比较严厉,但我和他们的交流是以真诚为前提的,这就使我得到了学生的爱戴。我认为这个是最重要的。

有些人在听学生说话时,觉得很讨厌,所以即使听到了说得不对的地方,也不纠正,就是"对、对"地听完。而我决不会那样,可能是因为我性格比较执拗的缘故吧。当我认为学生某个地方说错了,或者是有不同意见时,就算再说上一两个小时也要彻底说清楚。而如果最终认识到学生所说的是正确的,也会承认:"啊!这样啊!是我弄错了。"

讨论问题时,要把对方放在跟自己对等的位置上,明确争论点。

不善于讨论的人,为了证明自己是正确的,无论对方指出什么问题,都只会强调"不对，反正我就是这么认为的"，根本不会变换角度讨论。

而善于讨论的人会抓住对方与自己最大的分歧，并且会用简单的例子使分歧鲜明地呈现在面前。

比如："这个问题我怎么看答案都是 A，如果你的想法正确，就会得到答案 B。"

"你我想法的分歧就在这里。以此题为例，根据你的想法这个地方就是 X，而根据我的就是 Y。到底哪个更符合现实情况，应该怎么调查呢。"

就要像这样，把和对方相悖的论点提出来，把其中的差别尽可能鲜明、简单地表现出来。

如果要讨论"哪个国家对国际社会的贡献大"之类的政治问题，一个人说："我们国家正在对国际社会做贡献。"而另一个人说："不，我们国家做得更好！"像他们这样各说各的，根本就展开不了讨论。

要是像这样说：

"去年我国向海外发展署捐款×××，你们国家呢？"

"这么来看我们国家捐款比较多。"

"不对，不能单纯看金额。"

"那么你认为哪些可以看成是贡献呢？"

这样就可以一点点深入探讨下去了。不明确争论点就不能算是讨论。

我打算训练我的学生，让他们学会这种讨论方法。和不会明确争论点的人讨论，不一会儿就会放弃了。

## 说话方式的恶习——"但是"

讨论时的确应该集中精力于讨论的内容。

不过，说话方式本身也是十分重要的部分。如果语言选择不当，就不能集中双方的注意力来研讨问题。

我要说的是一个大多数人都有的毛病，那就是正讨论得热火朝天时，在论述的开头加"但是"（英语为"But"）的毛病。实际上我有时也犯这个毛病。本来自己想着不要加，可是一不小心就说出了口。最难堪的是，赞同对方观点的文章中也加这个词。

"一般来说如果下雨的话识别率就会降低，但是用我的方法就不会有这个问题。"

"但是，你的方法为什么能做得很好呢？"

像这样以否定词开头的文章会给对方造成不愉快的感觉，引起对方的反感。为了平衡心理，对方就会进行超出必要的说明。而这时要是继续予以否定的话："但是，这种想法恐怕世间少有啊！"就会继续陷入泥沼。这里的"但是"真是画蛇添足啊。

日本人说英语时，有时为了抓住文章内容转换的时机，经常使用"但是"。曾经有一位日本的客座研究员，用英语讨论时，无论是附和对方观点，还是在对方观点与自己观点没有任何关系的时候，都用"But"开头。自从我给他指出之后，他从下一次开始就再也没有用过"但是"。他是我到现在为止最佩服的人之一，真是一位有很强意志力与觉察力的人啊！

## 第 7 节 ｜ 比喻和例子是不同的

有人说受欢迎的有感染力的政治家都很会打比方。用比喻的说法可以很有说服力。事实上，聊技术话题时，为了让人容易理解，适当地使用比喻有时候也是很有效的。不过，比喻是一把双刃剑。不多加注意的话，使用比喻的人和听者都容易陷入误区。

**例子就是实例，比喻是说明的工具**

我说过很多次，思考例子或者例题是非常重要的。7是质数的实例、立方体是多面体的实例、计算苹果下落速度是牛顿定理可以解决的例题。也就是说，例子（例题）就是事物性质具体化的实例。

而"比喻"和"实例"性质不同。比喻是让人想象可以近似的事物的性质，是为了让人信服而在说明时使用的工具。

一般而言，比喻是为了演示近似事物的善恶、价值等性质而使用的。一般较常用的比喻是那些价值观已经定型的事物。因此，如果我们说"那个政治家真是希特勒啊""她真是一位女菩萨"等，听众就能真实地体会到我们要传达的愤怒或者喜爱。

比喻在解决问题的过程中，还可以起到这样的作用。在问题本身所处的世界中，一旦研究进行不下去了，我们可以通过比喻，把问题本身，或者对应的解法映射到比喻所假设的世界中去。如果在比喻所假设的世界中某种解决办法能成立，那么在问题原来所在的世界里多半也可以成立。这样在思路上就可以产生飞跃。

不过要注意的是，要清楚那仅仅是类比、比喻。即便在假设的世界里可以成立，仍然要基于原本的世界用真实理论进行证明。

在用比喻向别人说明自己的想法时，这一点尤其重要。使用假设世界中成立的事实作为自己想法正确性的论据，这本身就是有问题的。

尤其是在运用"拟人"的手法时，在运用"拟人"手法的场合经常会犯上面这样的错误。我们一定要警惕这种论证方法。因为使用"拟人"的手法时，我们混杂着"人是万物之灵"这种先入为主的优势心理。如果能避免使用就尽量避免，一旦用了也要确保不会产生歧义。

## 模糊理论是日本的吗

加利福尼亚大学伯克利分校的 L·泽德提出一种名为"模糊理论"的数学理论。所谓模糊，就是"模棱两可""不清晰"的意思。而模糊理论就是提取模糊信息的理论。关于模糊理论和概率论的本质，虽然相关的争论至今也不绝于耳，但可以说模糊理论已经被证明是对实际社会有用的理论。

模糊理论在日本尤其容易被接纳。不过，日本在推广这个理论时所用的解说方法是有问题的。

首先，"让我们把'身高'作为理论的变量。根据计算机使用的二值逻辑，我们假定一个阈值，例如以一米七五为界限，身高高于这个值的就看成1，身高在此之下的就是0"。

"不过，我们说'个子很高'时，并不是像这样采用二选一的说法。在我们印象中，一米九是很高的（1），而一米四则算是矮的（0），这两者之间的身高则对应着 0 和 1 之间线性推移变化的值。这就是模糊理论。"

"计算机做不到像人那样模糊灵活的判断是有历史原因的。"

"而模糊理论可以做出像人那样模糊灵活的判断。"

这样一边说着，一边就开始说明模糊理论的推导式子。

现代计算机的硬件基础理论是二值逻辑理论。拿这个理论和模糊理论相比，显然是后者更能表示人类的判断。确实，计算机现在还远远没这么灵活，而人可以简单地做出模糊灵活的判断。

但是，如果由此就得出模糊理论能做出像人一样灵活判断的结论，那就过于轻率了。要得出这个结论，必须首先证明模糊理论的推论和人类的推论方法"从广义上是相同的"。这是最关键的一个步骤，而上面的论述显然省略了这一点。

首先，使用模糊理论写出的程序，就是在使用二值逻辑的计算机上实现的。并且，从输入到输出，也要经历"好，不好"、"合格，不合格"的二选一决策过程。这期间，无论采用什么理论，无论在某个值前后做了什么决策而出现什么分歧，对于输入而言，都是存在阈值的。

愈发离谱的是最后得出的这个结论，"西欧人热衷黑白分明的二值逻辑理论，这没什么益处。日本人做什么事情都喜欢模糊，所以模糊理论很适合日本人，很灵活。"这真是轻浮得像派对上的花言巧语，根本就是无稽之谈。

其实，模糊理论不需要这样的解说。运用模糊理论，我们可以把一些很难用显式函数表达的关系组合起来，从而得出结果。它只是一个有用的计算工具罢了。

## 事物的命名就是比喻

研究者在发现新的算法、方法，开发新系统时，会给它取一个名字，通过这个名字可以联想到想要实现的功能或者特征。从模糊理论的名字就可以看出来，这种命名方式基本就是一种比喻。

试图用名字暗示（或者本身含义）的意思去解释算法或者方法、系统的工作方式，这和有效性有时会自相矛盾。也许你会觉得："怎么可能！"不过这类事情的确存在，在人工智能领域的研究中尤其如此。例如：

"这个规划系统有一个冲突协调模型，当出现自相矛盾的要求时，它会寻求解决办法，得出一个令双方都满意的结果。"

甚至，在日常生活里也可以见到这样的例子。婚介公司的宣传语里这么说：

"我们采用最优相性配对算法，为您找寻最般配的另一半。"

这都是典型的例子。"冲突协调模型"和"最优相性配对算法"所指的事物是否和名字一致，就真的不能用比喻世界的语言来说明了。最近有人使用DNA 遗传因子的用语来介绍遗传算法，结合进化论的适者生存、适性保存来宣传。遗憾的是，这也仅仅是比喻而已。即便不用这样的比喻，遗传算法作为随机算法的一种形态，都是有效的。

不当的说明只能适得其反。

# 第 8 节 | 说英语时，要给人留下"作为一个外国人，说得不错"的印象

英语对于我们是一门外语，因此没有必要流利到让对方听不出自己是外国人。除了以英语作为职业的那部分人，我们只要达到"作为一个外国人，说得不错"这种程度应该就差不多了。但是，真正的实力也要和留给别人的印象相符。

**并不仅仅帮助我提高**

图 3-2 是根据"金出理论"来表示英语会话的熟练掌握程度和英语有用程度的关系。图形中坐标轴的横轴代表对英语的掌握程度，纵轴则代表英语的有用程度。通常人们会认为英语掌握得越熟练就越有用，因此对英语的掌握程度和与之对应的有用程度，它们之间的关系曲线会成一个 45°的斜线，然而在我看来，其实不是这样的。英语的有用程度的曲线，其形状在最开始时是像山一样的一个向上的抛物线，然后曲线的形状会像一个山谷凹下去，之后又会单调地上升。

图 3-2

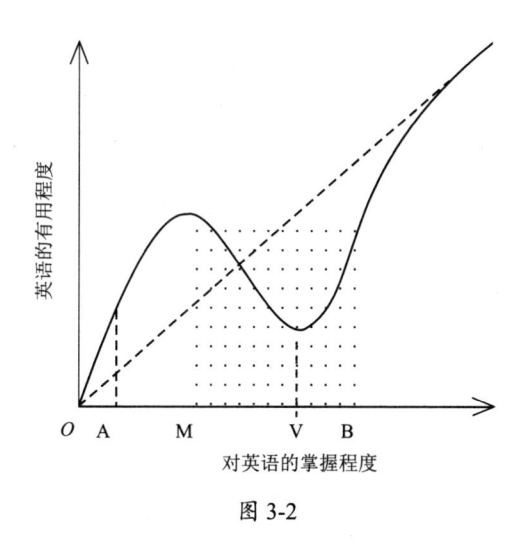

在最初的时候，曲线比 45° 斜线高，也就是说我们发挥出的水平高于自己英语的实际水平。那是因为，虽然英语水平还不是很高，但对方会觉得你已经很努力了，就会很赞赏。就好像一个外国人用结结巴巴的日语对你说"你、我、日语、鸡素烧（日式料理）、好吃"，你一定会微笑地去表示赞赏，因此（然后）也会使用能让外国人听明白的话简单地跟他慢慢讲。在那个时候，即使被开玩笑说"你是笨蛋吗？"，也不会觉得生气。也就是说，如图 3-2 所示，如果在 A 的阶段，对方的话一般都比较容易明白，即使说些比较愚蠢的话也会被认为是口误而得到谅解。

然后，随着自己英语能力的提高，也就有能力进行更多交流了。但是，如果英语会话的能力达到超越像山的那个抛物线顶点的话，那么对方的反应会变成什么呢？

对方会认为"嗯，这家伙的英语好像可以了"，"嗯，我说的英语他都能听懂了"，可以开始和他进行正常语速的对话了，也可以毫无顾虑地使用一些难的词汇了。但此时，自己其实还没有到那种程度，并不能完全听懂对方说的话。

对方认为："咦，奇怪，我明明说了，但他好像没理解啊。"但此时，自己说的英语仍会让对方觉得很流利，如果说了些可能导致误解的话，对方就会很生气地认为："这个家伙，很认真地在说这句话呢。"所以，图 3-2 中的曲线形状就开始向危险的山谷移动了。虽然此时，M 点到 V 点的曲线表明英语的技能提高了不少，但是事实上效果反而降低了。

像在美国，很多人参加了社团，英语水平处于刚翻越如图 3-2 所示中山顶或者还没有翻越该顶点的人很多。但是，在那些人中，有一部分是英语水平稍微变好一点就会处在抛物线谷底的人。实际上，这部分人可以说十分危险，他们总是听到一半，还没明白意思，就自以为是地一直"噼里啪啦"地说下去了。

像我们所说的这些人，对于用英语交流都非常有自信。的确，他们可以正确地使用单词，也可以说一些很有难度的话。而且在对方看来，似乎自己说的话他们都能懂。但是，就是这样的一些人，经常会对对方说一些十分失礼的话。如果和一个美国人会话，对方会立即用说话方式、单词、语调来表现自己的不满。而由于本人对那些词的用法并未真正理解，所以看着人家说的时候，不经意地自己也就跟着说了。

## 我的英语会话失败谈

我从学生时代起就非常刻苦地学习英语，所以，刚到美国时，如果对照图 3-2 中的曲线，我的英语水平应该刚过顶点。常有美国人对我说"你英语真好"，这令我非常得意。但是，现在一想起来就深感惭愧。因为其实被人夸作"真好"，正说明还不够好。如果我的英语水平和美国人的英语水平能彼此不分伯仲的话，那么他们就不会说"你英语非常好"这种"有些无礼"的话了。

现在仍然有一些让自己一想起就冷汗淋漓的失败经历。

## 第 3 章
表达"自己的想法",说服别人实践

那是在 1976 年,我去访问 MIT 研究所。在美国做访问时,无论到哪里,东道主都会制作一份会见许多人的日程。作为访问者的我则要遵从这份日程挨个走访每个房间,挨个拜见那些人。那天按照预定计划,9 点需要和 A 研究员见面,然后是 10 点钟见 B 教授,安排得十分紧凑。傍晚,按照计划我最后要见的是 F 教授。在拜访 F 教授时,我本来想说"您是今天我想见的人中的最后一位。"

我当时大体上就是用日语思维这么想的,这也是自己英语并不好的一个证据。当时那瞬间我就翻成:

"You are the last person that I wanted to meet with today."

话刚说到一半,本来还面带笑容的 F 教授猛地就皱起了眉头。那一瞬间我意识到"啊,完蛋了",可惜为时已晚。

实际上,我说的那句话的意思是:"今天,我最不想见到的人就是你。"这句话中"Last"的意思并不是"(按照顺序)最后的一个",而正相反,是"最不想"的意思。虽然我知道那个意思,但因为英语还不够纯熟,还是没能把知识活用到会话当中。

如果当时我的英语听起来是"你是我最后最想见到的人"的话,那么 F 教授也许会抱以善意的微笑,也就不会生气了。我那时也没有找到解释的时机,所以最终只能在很尴尬的气氛中结束了那次拜访。

## 最合适的英语会话熟练程度

现在算起来,我来美国已经有 30 多年了。无论是工作还是日常小事,我都可以自由地用英语交流。读严肃一点的书也一样,无论是日语书还是英语书,阅读的速度都没什么区别。这是否就意味着,就美国的生活而言,我的英语完全没问题了呢。

这并不能说明我已经可以像美国人一样自由地使用英语了。我常常在来往于日本的飞机上看英语的电影，但我并没有完全看懂。作为研究所的所长我常常要迎接业界名流，或者在某个活动发言，每当这时，我发现自己还是不能说出更为简洁通顺的话，所以非常担心我所说的话与当时的气氛不吻合。

而且最为重要的，即便在生死攸关的危急时刻，我还在想着如何在间不容发的瞬间把自己的心情正确而又恰当地表达给对方——只有在这种时候，我才真切地感受到语言的壁垒。

所以我认为，日本人需要掌握的实用英语会话熟练程度，按照图 3-2 所示，应该在跨越山谷、与最开始那个山顶同样高度的位置，也就是 B 点。此时的交流会话能力是最合适的。

在美国居住的外国人中，有很多人的英语发音都很难听懂，尤其以中国人和西班牙人居多。但他们的英语都是经过实战练成的所以很容易明白。也就是说给人以 M 点的印象，但实际上已经超越了 B 点。而日本人当中有许多人是在学校循规蹈矩一步步学的，所以遣词造句比较贴切。因此也就给人留以 B 点的印象，但实力却大多徘徊在 M 点或者 V 点。

能达到 B 点已经很了不起了，想要超越可谓是浪费时间。有这样的闲暇，还是看看自己专业领域的书更合理。

## 第 9 节 | 提高英语会话水平的秘诀

实战中的英语会话和我们在学校里的英语会话课是不一样的。在实际的英语会话中,说话的速度会很快,也并不总是在安静的地方谈天,交谈的对象也并不只有自己。更甚者,对方说的话也并不完全正确,而且有时候还会有需要计算、需要思考的问题。现在,我把自己关于英语会话的两三点技巧向大家介绍一下。

### 无论什么话都要快速说出来

我认为:提高外语发音水平的秘诀就是经常快速、大声地进行说话练习。而且,这个方法不仅仅适用于英语。

说起会话的目的,其实就是要向对方表达自己的思想、感情或者观点。为了达到这个目的,尽可能迅速地进行沟通是很重要的,所以,无论什么语言,都是为了迅速交流而被发明出来的。例如,没有日本人会一音一顿地说"に、ほ、ん、ご、で、は"(在日语中),都是很快地说出"にほんごでは"(在日语中),也就是说得越快显得越自然。

提高英语会话最重要的一点就是,平时要尽量经常、快速地练习口语。

但是,这里有一个最关键的地方,就是一定要大声地发音。对于母语,由于我们一生下来就开始天天听和练,所以,即使说话很快也不会觉得走音。但是，如果是外语，我们说的速度一快，就不能保证发音的准确性了。我们要尽量张大嘴巴，尽量大声练习，要朝着正确的发音努力。例如，英语不太好的人去美国旅行迷路时，即使用只言片语的英语声嘶力竭地喊出来，也可以将自己的意思传达给对方。

所以，我们要始终练习大声、快速地说，自然而然听起来就很地道了。

## "金出式"英语提高法——边打扫边听英语

有人问我：练习听力有什么好的方法吗？大家可以试试我的方法，那就是把大脑清空，静下心来练习。

很多人在用英语和人交流或者听收音机的时候，只要漏过了一个词语，神经就高度集中了。这些人的大脑是怎么运作的呢？他们在听对方说话时，就在脑袋里将其翻译成了日语。但是如果碰到一个不认识的词语，思维就会停在那里，这时对话已经结束了，相信这些人一定有这种经历吧。就好像"啊，那个，那个是什么？"在犹豫的那一瞬间，对话已经进行到下一部分了。

为了将对方说的话马上翻译成日语，大脑肯定会拼命地思考。这点是肯定的。比如说，一开始听到英语单词的发音，大脑就要马上找出对应的单词。也就是瞬间就要查阅英日词典去找出那个单词。而且，还要考虑到英文的语法，然后才能在大脑中形成一句完整的话。而且，为了跟上说话人的语速，头脑必须满负荷运转。特别是将日语翻译成英语时，由于两种语言动词在句子中的位置是不同的，所以必须要将一句话在脑海中重放一遍。引起头脑"过热"也是很正常的。

但是，做什么样的练习比较好呢？我们的目标应该是尽量不去动用"翻译"这样的高级能力。我们应该把大脑的活动水平放低一个层次，进行英语的练习。也就是说我们在听到"book""publication"这样的英文单词时，不要立即浮现出"书本"和"出版"这样的日文单词。要练习到听到"publication"这个单词的时候，大脑不要主动去想："日语里这个单词是什么意思？"

换句话说，对于英语的学习，就是要达到"我好像觉得自己明白了"那个水平，也就是要将大脑的活动保持在那个水平，但是，达到这个水平有点难。为什么呢？因为我们要是过分地降低水平的话，就可能什么也听不懂了，听的只是一个一个的发音，无法将它们联系在一起。

另一方面，如果我们过分提高大脑活动水平，就会开始采用翻译这种方法了。虽然很辛苦，不过如果我们一直这样重复练习，慢慢习惯以后，就会达到这种水平，别人一说，就大概明白他要说什么了。

换句话说，也就是所谓的一种不求甚解、跳跃式的练习方法。即在做听力练习的时候，根本就不要想"啊，完蛋了，我漏掉了一个单词"这类事情。可以采用类似这样的方法：把一个自己稍微能够理解内容的录音带不断重复播放。

当我还是学生时，我经常反反复复地听英语磁带，用这种方法来提高听力水平。练习时，并不需要高度集中精神，一般都是边打扫房间边听英语。当时我是一名穷学生，家里并没有吸尘器之类的电器。扫地时，扫帚和地板有"沙沙"的声音，这种声音总是影响我，久而久之，也就习惯了，即便在干扰声中也能大概听懂英文大意了。我常开玩笑说，应该把扫帚作为"金出式英语学习法"的道具出售，这样就赚钱了。

我们经常能见到很多人在电车上听英语磁带，又觉得周围的环境很吵闹，就把声音开到最大拼命地听，却收效甚微。这时一定要静下心来，抱着大概听明白的目的去听，这样才有效。

## 用"图像"计算

刚来美国时，最让我感到困难的就是在研究或者讨论会话中的一些数字或计算。

"美国的人口是两亿人。这两亿人中的 40%，也就是 8 000 万人。假如每人都买大概 2 000 美元的计算机……"介绍我来这里工作的雷迪教授总喜欢在论述中使用大量数字。

在我看来，根据前面我所说的"金出式英语提高法"，这里需要进行对普通单词不翻译的训练。不过有数字出现时，我们会不由自主地将其翻成日语计算。众所周知，英语是每三个数字为一个单位的（例如：123,456,789），而日语中刚好是每四个数字为一个单位（例如：1,2345,6789），越大的数字变换起来越麻烦。例如，当听到"two hundred million（200 个一百万）"，就是 200 乘一百万，也就是两亿。所以，那个 40% 也就是 8 000 万，以百万为单位就是 80 百万，用英语说就变成了 eighty million。也就是先将英语转化成日语，再用日语计算，再将日语转化为英语，完全不可能跟得上。但对话还在继续，就算勉强跟上了，也不知道自己算出的结果是否正确。如果此时对方又提出"如果是 30% 的话"，就只有哑口无言、举手投降的份了。

所以，我想出了采用"图像"这种方式用来计算。例如，当我听到"200 million"的时候，先不去翻译，大脑中马上闪现出来："2"、"0"、"0"、"，（逗号）"这几个并列的字符。当再听到"40%"的时候，由于是百分比数，所以就把逗号向左移两位，脑海里就变成了"2"、"，（逗号）"和"4"、"0"，然后一乘，就得到了"8"、"0"，所以就自然而然地得出了结论"80 million"。

虽然我用了许多语言来说明这个方法，但使用时一定不要用任何语言，仅仅用"图像"的方式就可以进行所有四则运算了。

自从我掌握了这种方法，我也可以听懂雷迪教授的话题，并且自己也能说了。

## 第 10 节 | 论文以及要说服人的文章就是一部推理小说

对我们而言，写论文最重要的就是整体要论述或者说明的只有一个中心思想。如果别人问："你的论文想要说明什么？"你的回答却是"其实论文中要说明的事情很多"，这是相当危险的信号。

一般情况下，论文中有价值的东西并不多，然而只有一个话题或是中心思想才是研究价值的所在，只是我们有时候自己并不知道。

事实上，这不仅仅适用于学术论文的情形，所有的文字材料，尤其是想要说服人的，在这一点上都是相通的。

### 100 篇学术论文中最为广泛阅读的是哪篇

有这样一个问题："已发表的学术论文，最常被几个人阅读？"令人吃惊的是，统计的结果竟然是仅被一个人阅读的学术论文最多。

并且，据说所谓的那一个人正是作者自己，接下来的顺序是被两个人阅读的论文最多，然后是被三个人阅读的论文最多。这对于研究者来说并不是件可笑的事。

当然，也有被上万人阅读过的作品，也有被领域内所有人都阅读过的、非常优秀的论文，但是，从概率上来说，这种论文仅占 0.000⋯%。

那么，哪种论文才称得上是优秀论文呢？

如果论文中包含了划时代的构思、杰出的结果，更通俗的说法就是，论文中包含了有价值的内容，能够得到读者"的确如此，好像是这样考虑的"这样令人颔首称赞的论文才能被称为优秀论文。

相反，即使论文具有划时代的构思及杰出的内容，但如果没有传达给读者一个故事情节，就不会得到读者的阅读和认可。也就是说，没有一个好的脚本、情节，就无法称得上是一篇论文。

## 论文也需要悬念和紧张感刺激

那么，究竟应该怎样写论文呢？我是这样对我的学生说的："论文就是一部推理小说。"

在推理小说中，针对一个杀人事件，通过侦探的层层解密，最终水落石出，这样的话，读者自然而然对这个过程很感兴趣。而在论文中，作者需要对其中的事件，也就是所谓的研究课题，提供一个逐层剖析的过程。这就是我所认为的"论文是推理小说"的由来。

在我看来，推理小说有以下四个特点：

① 悬念感——"到底怎么了？"有捏一把汗的心情。

② 惊奇感——如果没有"难道是？""啊，是这样的啊！"的这种惊奇的感觉，就显得索然无味。

③ 满足感——阅读完毕会让读者有一种"真不错，解决了。"的满足感。

④ 代入感——把读者置于情节当中，让读者把自己当成侦探，带着解决问题的兴趣去考虑"为什么会这样？犯人究竟是谁？"

具备了这四个条件，就可以说是像优秀推理小说一样的论文。

## 一篇论文只能论述一个主题

我常常对学生说"只要看论文标题和目录，就能看出是否是一篇好论文"。

如果只看标题就能够丝毫不差地看出论文想要论述的内容，那么这就是一篇了不起的论文。

为论文定题，只需要把论文想要论述什么，试着全部写出来即可。例如，限定问题或者目标范围的词语，"关于自动驾驶""彩色图像""人脸识别"，等；或者是一些指定方法的词语，像"通过因式子分解法""使用激光"等；还有表示结果或能力特征的词语，"1 秒钟可以进行 100 次""即使黑暗中也能看得见"等。写出这些关键词语后，考虑清楚自己最想表达的内容，然后选择能够传达此内容最简练的词语，将它们按最佳顺序罗列成一个整体，作为论文标题。

在这里我要说，日本人平时很喜欢使用新奇的（novel）、柔软的（flexible）、适合的（adaptable）、强壮的（robust）这类形容词，其实在一般情况下，这种没有任何意义的词语只会给人一种华而不实的印象。比如"具备柔软性的语音机器人·机器·接口的方法"，读者读到这类标题，根本不知道作者在说什么。如果的确具备"柔软性"，并且想表达该意思的话，应该注意使用"可以重复说明"或者是"无须训练"等有具体含义的词语。

另外，目录是论证文章观点的脉络，这非常关键。可以问问别人，或者问问自己，是否只通过目录就能够想象出论文的内容。如果觉得目录写得很好，可以试着挑每章开头和结尾的段落读一读；如果能够理解论文的主题，说明论文的确写得很好。

在编写论文时，最重要的原则就是"一个单元一个话题"。一篇论文只能论述一个问题。比如"A 是 B""A 是做什么的"等，必须只能讨论一个问题。有的日本人喜欢使用这种方式进行论述："though……（虽然）""while……（与此同时）"，不过在我看来，这种方式还是不要为好。

举个例子，例如，"迄今为止我们一直使用这样的方法，但这种方法有问题"，这是想表达三个意思：

① 过去一直使用该方法；

② 但是该方法有问题；

③ 因此我对此有一个新想法。

一句话能清晰地区分出这三点至关重要。

一个段落也只限于论述一个论点。如果开始写了"迄今为止的方法有这样的问题"，那么这一段落只能记述该方法的缺点，而不要记述相关的修正方法。当然，在接下来的段落中就可以很自然地开始详细说明其修改方法。

再例如，"过去使用顺序方法，存在这样一些问题"，这里把"顺序"这个词语放在了里面，之后论述并行方式的时候就体现了它的效果。这时，必须设置其他语句来突出顺序与并行的对立。如果只是说"过去使用顺序方法，我现在的方法是非顺序的方法"，这种说法虽然也清楚表达了意思，但显得过于平淡，是没有任何效果的。

同样，每个章节也只论述一个话题。

接下来，需要对论文进行整体检查，看看每个标题的内容是否得到了清晰的说明。如果在题目中写了"黑暗中也看得见"，那么就要检查，是否写明白了，用的什么方法，能在多黑的程度下有效。但是如果无论如何都要使用"柔软性"这样的形容词,那么就要具体表达清楚它的含义、实现方法及有效性。

总之,写论文一定要做到论题明确,这对于我们所从事的研究非常重要。

## 第 11 节 | "起承转合"的结合

那么，具体而言应该如何写论文呢？其实，无论是什么样的作品都有"起承转合"。论文当然也不例外，需要这四个构成要素。但是首先请注意，这仅是"构成要素"，未必有先后顺序。

**"起"——用来唤起读者的好奇心**

在普通的推理小说中，故事首先是由杀人事件引起的。论文中也有一个相当于杀人事件的需要逐层剖析的研究课题。"我想研究这个""让我来解答这个问题，会得到相当有趣的结果"，论文需要有一个类似的提示，作为"起"。

最重要的事情就是引发读者的好奇心。在推理小说中，如果没有引人入胜的悬念，让读者思考"为什么会发生这么奇怪的事情呢"，读者也许就没有继续深入故事情节的心情。当然，也有一些小说从普通的事件入手，然后做一些意外的展开，在这种情况下，"意外的展开"也会事先有一些看似无意的暗示。换句话说，让人感觉"看起来十分有趣"是其中的关键。

在论文开始的章节里，一定要勾起读者的好奇心。重要的是，让读者感受到读了这篇论文能有哪些益处，让读者认为读了觉得有价值。这个研究，是智力方面的也好，经济方面的也好，社会方面的也好，总之，要想办法向读者传达研究本身的价值，这才是关键点。

## "承"——巧妙地设定假设

在我看来，背景描写的关键是"假设""设定""设置悬念"。

在推理小说中，针对主人公的性格、怪癖、行为模式会有很多相关设定，譬如忧郁的性格、左撇子，等等。这就给读者制造了一个潜在的假定："这样性格的人，一定会做这样的事情"。再给出一个发生的背景，一处古老的庭院，一个大的房间，等等。让读者抱着一种期待，向读者传达故事会不断展开下去的暗示。针对这种期待如何相应地展开情节是一件非常有趣的事情。

以上情况换成研究论文的话，就是"假设"。如何设定一个研究课题；在哪个部分限定问题；基于什么样的假设条件来解答这个问题。

"设置悬念"就是作者对读者的一个挑战。假设一个这样的主人公，有了这样的事情，让读者想想一定会发生怎样的事情。然后以作者的手法写出"其实是这样的"不断地引人入胜。但是没有伏笔、唐突的写法是很无聊的。

比如说读的时候产生疑问："为什么同一个人会同时出现在东京和大阪？"后来才知道那是一对双胞胎。读者就会想：双胞胎的事该早点交代嘛。另外也有相反的情况。在手法低劣的小说中，常常会写周围的人们发生的各种事情，写了很多，却完全不着边际。

论文也是如此，如果作为起点的假设不好，不需要再读下去也可以知道，结论一定很无聊。如果不能设定一个完美的假设，最终就会给读者一种牵强的感觉。另外，还要注意一点，一定不要拿与主旨无关的其他方法互相比较，或者论述无关紧要的背景——这会误导读者。

推理小说里的悬念，用到论文里则是组织框架，其实就是种"阴谋"。为了证明自己的想法与众不同、新颖、非常优秀，一定要在最开始的时候充分给出对照："本研究中，这一点非常难，通常人们会这样想"。如果事先不做这个说明的话，读者就不会明白"核心的创意在哪里呢，为什么这个研究就是独创的？"

## "转"——循序渐进地引导解答的关键

在推理小说中，侦探不断接近事件的真相。所谓真相，往往是由嫉妒或金钱导致的杀人动机。揭开杀人动机的瞬间，读者才开始明白："原来是这样啊。"

论文中研究的"杀人动机"则是核心创意，也就是对研究课题的解答。最重要的就是如何巧妙地让读者了解逐步导向结果的核心创意。因此，我们需要一点点提出最关键的想法，让读者逐渐了解这些想法的效果，以及最终会有怎样的结论。

优秀的推理小说情节，往往让人在还不知道下一步要发生什么的时候，总有一种已经知道了的感觉，当真的发生了什么事情时，虽然感到震惊，但是也能够完全相信和理解。只要能够巧妙运用这两种平衡，就会有好的故事情节。

论文的情节安排是同样的道理，也必须要打下坚实的基础。东一句、西一句的写法只会让读者头脑混乱。所以必须以一个能让读者慢慢理解的速度，有顺序地推进论文的进度，同时慢慢地展开研究课题，让读者有一种能够读懂，又好像不是很明白的感觉，这一点非常重要。

如果一部作品从头到尾都能让读者充满期待，那么无论是小说，还是论文，都是一篇名作。

## 第 12 节 | "合"的展现

"起承转"完成以后,剩下的就是"合"了。这部分是推理小说的高潮部分。也就是侦探和真凶的最后对决,侦探瓦解掉真凶最后一个不在现场的证据,真凶彻底垂头认罪的场面。如果还没有到高潮,真凶就已经认罪了,那么这一定是部差劲的小说。

然而,对于一部论文来说,它的高潮部分又是什么呢?

**"合"——将最重要的研究结果一并提出**

论文的"合"就是提出结果的最重要的部分。

拿出结果时,要带着一点自傲:"这么好的结果,你做得出来吗?"而不应该用小心翼翼的姿态。只有这样,才能给读者带来强烈的冲击。这就是高潮部分。当然,也有必要通过比较、列举理由展示一下,为何得出了最终结果,这个结果究竟好到什么程度。

"合"之后的工作也很重要。在优秀的小说中,读者带着问题解决后的畅快心情看完结尾后,总是会想以后的事情,比如:"在这之后,主人公又怎么样了呢?"论文也是一样的道理,如果读完后能够让读者继续联想:"换成这种情况又怎么样?""希望能切换到那种情况下尝试一下",也就是说能够让读者想要沿着这个研究的结果继续挑战下去。这样的论文就是一篇了不起的论文。

并不是说论文的最后要写诸如"今后的研究课题：一，二，三"一类的话。推理小说也一样，如果写了"死者的遗孀后来……"就显得画蛇添足。也就是说，结尾不要直接写出，而要留白让读者自己去想象。

文章的脉络一般是从"起"开始的，接下来就是承→转→合这三个部分，但并不是必须按照这个顺序书写。特别是"承"和"转"，有时候交叉写效果可能会更好一些。论文也一样，如果写得特别顺序化，像是"假定一，二，三……定义一，二，三……命题一，二，三……"这样的结构，读者并不容易记住这些条条框框，之后便会想"是否真的有这样的假定呢"，从而有一种上当受骗的感觉。所以对我们而言，把非常重要的地方一点点地渗透出来非常重要。要是觉得不自然的话，就稍微提前一点写出来。

当然，也可以使用倒叙的方法。在电视节目《神探可伦坡》中，总是在最开始提示谁是犯人，用什么方式犯罪杀人。之后便和观众一起对犯罪分子进行穷追猛打，在这个过程中，慢慢将犯罪分子隐藏的杀人动机明朗化。论文也一样，可以把结果先写出来，然后再按照某个顺序结构慢慢地牵出引导结果的关键想法。

总之，文章脉络的构造要有一定的层次顺序，组织语言的诀窍在于，好好地综合运用"起承转合"。

## 评判作品、论文优劣的标准不是语言，而是构思能力和组织能力

我想大家已经注意到这一点了，论文或者出版物的优劣不在于词藻的华丽，除了研究内容，能够决定文章优劣的主要是构思能力和组织能力。所谓构思能力就是指创造故事情节的能力，比如"什么事情，为什么，最后怎么样"。所谓组织能力，就是运用一些语言、风格、图表，连贯地写出好的文章构思的能力。文章构思和组织清晰的话，语言也就能够自然地陈述出来。上面我

们已经详细说明了文章构思,现在让我们看看文章的组织能力。

语言是支撑组织能力的基础,组织能力也就是语言运用能力,即文章是否更容易感染读者,能够让读者心无旁骛地读下去。读者阅读文章时在想什么,思考什么,读者的所想所思是否和你要说的一致。能够让读者的所想所思和作者要说的达到一致的文章,自然更能够感染读者。下面举几个例子。

文章中,使用一些大写字母、小写字母、粗体、细体、下标、$x$、$y$、$p$、$r$、希腊字符等记号,不由得就能让读者明白个中含义及从属关系。如果一篇文章写成:"某学校中,有 $X$ 个儿童,他们的身高是 $W_a$,$a=1,2\cdots$"就非常不清楚,而改用"$N$ 个儿童,$h_k$ 的身高"来表达就会使人一目了然。

在论文中,作者要尽量避免使用有歧义的词语,无论是多么简单的词语。比如影像的深浅值一般使用 intensity,但是,在心理学解析面部表情时,同样的 intensity 一般指的是表情的强度。所以在使用画像来解析面部表情的论文中,影像的深浅值就要使用其他单词来表示,比如使用 brightness 或者 grey level 这样的单词来避免不必要的歧义,以便让读者看起来一目了然。

关于图片的运用,一个很重要的原则就是避免无意识的规则性。当表现两根交叉线时,必须使用水平和垂直之外的角度的交叉图。同样,平行线、正三角形等大小一样的图片要平行排列,三根线交叉时,除非是真的要表示一个规则的图形,否则必须把这个图形表示成一个不代表任何特殊含义的图片。因为读者看到那些有特殊含义的图片,就会无意识地接受一些并非作者要特意表达的特殊含义了。

## 日本人能给美国人上英语课吗

在美国的研究生学院中,我们要教学生一些以上所讲的论文写法、发表方法等。为了取得学位，研究生还要取得相关学习过程的认证。我也对学生做过一些相关的训练，比如把学生写的论文或者幻灯片做一些增删修改，听他们练习演讲并且加一些附注等。

我认为文章和谈话的优劣并不是由语言决定的。即使美国人中也有很多人的英语不是很好。我阅读过很多英语远远比我好的美国学生写出来的论文，在这些文章中，不仅存在技术问题，还包括英语语言的问题，结果我这个日本人还得拿着文章指出问题，比如"这种表达不行。应该使用这个单词进行这样的修正"。在这当中，也有一些就连美国人也认为是"听您这样一解释立刻茅塞顿开"之类的一般性的要领。我就试着介绍日本人使用英语时需要特别注意的一点吧。

有些人习惯在文章开头使用一些副词，比如"Moreover""Therefore""Also""Now"，或者是一些副词词组，比如"In addition""As a result""For the purpose of"，还有一些副词的词节"When…""Because…""Although…""While…"，以及一些形式主语"It is said that…""The most important point is that"，等等。这当中也有美国人，在英语为非母语的人中，尤其是日本人中，这种习惯更为普遍。

读者如果有兴趣的话，可以做一个试验，收集一些自己或是周围日本同事写的英语文章。如果一篇文章的主语使用的是类似于"The main strength of this algorithm comes from…"的名词句的，那么就给这篇文章加1分，如果没有使用主语而是直接使用上述副词、副词词组、副词语句、形式主语开头，就给这篇文章减1分，给得到30分左右的文章标上记号。估计整体都是负分，最惨的还有-20多分的文章（也就是几乎没有用真实主语开始表述的文章）。

前面我们提到过教材编写能人尼尔逊，我特意拿出了尼尔逊编写的教材前言做了一个试验,他的前言得了 10 分。这个分数和《纽约时报》这样优秀的报刊得分相同。

其实,以主语开头的文章有力度,以副词等开头的文章语气比较弱。大家可以想想,马丁·路德·金的成名作是"I have a dream",如果改成了"Therefore,I have a dream",那么我想这个作品无论如何也不会成为有影响意义的作品了。

我们日本人之所以有这样的习惯,也许是因为日语中接续的词语使用过多,让我们总是担心如果不使用这些接续词语,就不能清晰地写出文章层次。事实上,即使不用这些接续词语,文章也能够很清晰,层次也可以很明了。我们应该把重点放在围绕论点组织结构上。只有在我们真的需要强调时,再去使用连接用语。大家对此一定要尝试一下。

## 第 13 节 | 研究资金计划书必须明白易懂

研究资金计划书的写法和研究论文的写法其实是一样的。提出的研究课题必须是与众不同而且有价值的。只是，研究资金计划书跟论文有一个最大的不同点就是必须提出要求："给这项研究提供经费！而且经费必须给我！"

**研究生的学费、生活费都来自研究经费**

美国大学在研究活动的运营上，说它好也罢坏也罢，建立在弱肉强食的竞争原理基础之上。

而日本的大学通常没有所谓的"讲座费"。研究费用几乎完全是由政府或是企业等外部资金提供的，并且要自己去申请。我们机器人研究所每年的研究费用预算大约是 40 亿日元，也是这样的外部资金。

不主动去申请是得不到科研经费的。必须写出研究资金计划书，提交给国家政府等研究资金补助机关，然后才能申请到资金。

和日本不同，在美国，一些理工科类的研究生，他们不需要负担自己的学费和生活费。教授会从研究资金里筹措一部分资金给研究助手，而教授自身的薪水（基本上大约九个月授课的薪水）由大学提供，夏天三个月的薪水都是由研究经费提供的。甚至在一些以高水平研究为主的大学里，学校也不支付教授在学校授课的九个月中的三个月的薪水，而是让他们从研究经费中获取。

所以一名教授如果只有工作应得的薪水而没有研究经费,那他不会有学生,也没办法进行什么研究。极端的情况是也不会有秘书、资料复印费、电话费。

所以,对于美国的学者来说,写好研究资金计划书是关乎生计的大事。

其中也有些人觉得"那些公务员太笨了,根本不明白我所做的研究的重要性,跟他们说一点用都没有",但也只好默默忍受了。除了一些很特殊的学科和领域,像科学技术或者工学学科,要想进行研究实现自己的创意,资金的支持是必需的。

### 招财的勇敢武士

美国有很多著名的提供研究资金的辅助机关,像与国防相关的 DARPA 组织,与科学技术相关的 NSF,与生物医学相关的 NIH 等。要想获得研究资金,好的人际关系固然十分重要,但最基本的仍是依据公平竞争原则根据研究资金计划书来决定。和日本不同,在美国,研究资金计划书的竞争已经非常系统化,必须采用在竞争中胜出的计划书。

就拿我自己的经历来说吧,二十年间,我从外部筹措了大约 50 亿日元资金。这些,都得益于我写得比较出色的计划书。

有人问我:"你的名字金出武雄有什么含义吗?"

我回答说:"每个汉字倒是各有自己的意思,大概说来,'金'是 money(钱)或是 gold(黄金)的意思,'出'是 give out(提供)的意思,'武'是 soldiery(士兵的)意思,'雄'是 brave(勇敢)、man(男人)的意思。"

"啊，原来如此，也就是 Money Yielding Brave Samurai（招财的勇敢武士）的意思啊！那你拿研究资金一定很容易了。"

美国国防部是机器人研究最大的赞助者。在我看来，美国是一个不可思议的国家，像我这样从国外来，连美国国籍也没有的人，不仅得到了主管科学技术的政府机关的研究资金，甚至还得到了美国国防部的研究资金。美国不仅仅是强大，而且让人感到它胸怀宽广。在这一点上，日本就应该认真地考虑一下了。

## 美国大学里的研究是"研究起业"

为了能在研究资金的竞争中取胜，谁都会以更具魅力、新颖独创、有竞争力的研究为目标。为此有以下三点常用的战略：

① 新领域的研究。

② 临界领域的研究。

③ 潜在（范围狭窄并且只有自己才能做的）研究。

如果具备以上三点中的某一点，那么你的研究肯定是具有影响力的。

研究资金计划书的写作要领其实和论文的基本一样。提出的研究课题必须是与众不同且有价值的。如果是已有的研究，那么你的研究结果就必须比以前的研究更加出色。

只是，研究资金计划书和论文的一个最大不同点就是要提出要求："给这项研究提供经费！而且经费必须给我！"

所以，关于"为什么要做这个研究"这样的问题，必须在计划书本身的基础上更鲜明地表达出深远层次上的有益内容。而关于"为什么是我"这个问题，就要适当地展示自己以前的研究成绩，让别人能够感觉到和其他人的相比，你的研究成功率更高，这样就可以打动别人了。

简而言之，为了能够说服对方，计划书的写作秘诀就是必须言简意赅。

一份出色的计划书并不简单地仅仅是能让人看懂的计划书，还要让对方读完之后可以很方便地向上司、老板或是选定委员会说明。

就拿我们来说，审核我们计划书的人也要同时接收来自各个不同地方的计划书。比如能源部的项目经理读了我们的计划书，就觉得"嗯，金出武雄教授的研究计划非常优秀，我们要给他提供资金"，虽然他这么想，但是最终的决定权不在他手里。因此他必须向具有决定权的上司或是老板说："这是一个非常了不起的研究，我们应该给他提供资金上的帮助。"

在这个时候，如果计划书写得浅显易懂，并且让人读后可以进行简单说明的话，那么项目经理就可以轻松地根据所读的内容展开说明。但是，如果项目经理压根儿就没看懂你的计划书，在和上司沟通时不能详细解释，那么就缺乏说服力，很可能这份计划书就被舍弃了。

在公司也一样，无论是计划书还是建议书，不仅要让直属上司看懂，也要让公司里其他人能够看明白。这样一来，组长向经理说明你的计划，或是经理向部长说明你的计划时都会比较顺利。

在美国，一般都是先有了资金，然后再想办法为了这项研究配置人力和物力，换句话说，就是先有了某件事情的想法，再想办法完成这件事情。这和先有了人和物，然后为了使已有的资源运转起来再去做研究是恰恰相反的。

所以，不仅研究本身，"发起"研究的想法也是必须的。我把这种想法叫作"研究起业"。它并不是指为开公司所做的"起业研究"，而是大学里重要的一环，"发起一个新的研究项目"。

## 第 14 节 ｜ 关于演讲和英语的三个建议

现在有很多书是教人们怎样做事情的，比如，英语会话的学习方法、寒暄的方法，等等。我将写出有关演讲和英语的三个建议，这些建议可能和上面提到的那些书中的观点背道而驰，至于采用不采用，还是由读者自己决定吧。

### 演讲还是别准备得太好

据说有个日本的研究者，拼命准备和练习自己的英语演讲，然后去参加美国的某个会议。但是，不幸的是，自己的行李不能按时送到，而且里面装着演讲时要用的幻灯片。但是，演讲还要照原计划按时举行，所以他就只好这样开始了："我的研究是如此如此，这般这般……"。中间居然说："Next slide please（请放下一张幻灯片）。"

其实，把演讲要说的话完完全全背下来并不能叫准备。所谓的完善准备，是指自己完全记住要说的话及其关系。比如，当投影这一张幻灯片时，如果听众不能理解，那么要怎样调整自己后面要说的话。如果说了个笑话，但听众没理解，那下面那个类似的笑话就还是不说为好。如果演讲时间不够，应该略掉哪些内容，等等。把所有这些东西的内在关系都完全印在脑海中才叫准备。

也有人是先写好演讲稿，然后照本宣科地朗读，这样的演讲效果是非常差的。因为不能让听众兴奋起来，与之产生共鸣。当然，也不用为了掩饰自己对英语的不安而特意很快速地讲演。要是已经非常细致地准备了演讲言辞，讲到某个地方进行不下去了，反而更会让听众觉得你很紧张。

从我自身的经验来说，如果很早就做好了准备，演讲时就会非常沉着，演讲的内容就会变得非常单调。相反，如果在演讲前夕刚刚准备好，然后径直走上会场，这时反而会异常顺利。可能是因为此时准备得不充分却被迫上场，心情就会一点点高涨、兴奋起来，也会把这种心情传递给听众，听众就会随着这种心情而兴奋起来。

对于那些不敢尝试这种危险方法的朋友，我向他们推荐另外一种方法，就是尽量大声地演讲。大声演讲不仅会让自己兴奋起来，而且还会让听众觉得演讲者很有自信。通常如果演讲者讲的是自己都觉得不好的内容，那听众更不可能觉得这些内容好。但即使是演讲者觉得很好的内容，如果内容本身就层次混乱，那听众也不可能认同。

## 展示资料不要让人一眼就能看明白

一般来说，给别人展示的材料要做成让人一眼就很容易看懂的那种。但是，真正的要领并不是这样的。实际上，展示的材料要尽量做得让别人感觉仅仅有那些内容还是不能完全理解。

如果一看就知道要说的是什么，听众就开始考虑自己感兴趣的事情了。

最糟糕的例子就是，有人把自己要说的内容原封不动地写出来。接下来怎么样呢？大家都有过这样的经验吧。听众就会自行往下阅读了，演讲者说的话反倒妨碍听众阅读了。如果那样的话，在放幻灯片时，还不如先空出两分钟请读者阅读比较好。

我们经常说"Visual Aids Material（视觉上的辅助资料）"，其实，展示资料也是一种辅助资料。

但是，我们仅仅看资料是不能明白到底想表达什么的，要和演讲者的解释说明结合起来，才刚好能明白到底想要说什么，其实，就应该这样设计资料。比如要说明一个图像的横轴和纵轴，没有在图上详细标注。图像要尽可能简单，让人觉得有点明白但又弄不清楚究竟表示什么，到这个程度刚刚好。

这样，听众开始听演讲了，而演讲者就可以引导听众思考内容了。

如果要说明一个相当复杂的公式，一定要先弄清楚，是想直接把公式讲给听众，还是想向大家说明推导公式这个事实。如果是后者，很多时候都需要给听众一个简单的结论。这时要把结论用小小的字写出来，从一开始就不让听众十分明白。要想说明一个复杂的表也可以用同样的方法。

而后，改用不大不小的字体，吸引听众阅读，引导他们自己尝试理解。

要是无论如何都想展示和解释公式本身，就一定要好好考虑，用大号的字体分别展示公式的各个部分并加以说明。这种情况下要做好花费很长时间的心理准备。

也就是说，要有听众一看就明白的幻灯片，也要有听众看不明白的幻灯片，用这种方法来引导听众，把握演讲。

## 英语教育还是不要过早起步为好

最近，我听说社会上对于幼儿的英语学前教育慢慢盛行起来，而且，就连小学也开设了英语课程。的确，我也认为在以后的时代，英语会话能力是必备的基础能力。但是，正因为这样，这种婴幼儿学前英语教育的风气一旦盛行起来，我觉得会引起一系列的问题。

在我看来，对于英语会话的掌握和熟练程度，是因每个人的素质和学习目的而异的。教年龄很小的孩子英语，让他们记住各种各样的词语，其效果充其量不过就是达到在国外买买东西或是问路的程度，而说话的内容、更深层的理解，他们是没有概念的。与其进行这种初级英语的教学，还不如把时间留出来，从小的时候就开始好好地传授他们日语或者数学上的知识比较明智。

我认为，为了培养孩子们的思考力，在思考模式固化之前，最好还是用单一的语言循序渐进地进行。

我是从"有效语言"这个层面上考虑的。我长期在英语的环境中生活，就日常生活来说，我有时候用日语思考问题，有的时候也用英语思考问题。但是，如果细说的话，我觉得对于比较烦琐的计算和推理来说，我用日语思考的话，效率会高一点。那是理所当然的，因为我人生的前35年都一直用日语思考。

我的孩子无论是英语还是日语都能很自如地进行交流，是属于那种可以说两种语言的人。但是，他的基础教育是在美国接受的。所以，特别有意思的是，每次尝试让他算加法的时候，如果用英语问他，他能更快地得出答案。这样看起来，他和我恰好相反，"有效语言"似乎是英语。

我并不推崇掌握双语，但如果以此为目的的话，我看即使从婴幼儿开始早期就教授他们英语，仅仅就是去上英语会话学校根本达不到掌握双语的目的。因为，每天都生活在一个日语的环境中，在大量地使用日语。

要是不以掌握双语为目的的话，那先好好地培养作为"有效语言"的日语，在思考模式固化之后再来培养"日本人水准"的英语也为时未晚。毕竟对于幼儿而言，本来就没有什么必须要用英语表达的会话内容。

在日本相扑界中有个词叫"钝四"，就是说既能用右手攻击又能用左手攻击的选手往往不容易出类拔萃。我们的大脑应该也是如此吧。

# 第 4 章

## 寻求决断与明示的速度

## 第 1 节 ｜ 日本需要的是思考的速度

那天早晨，我在宾夕法尼亚州匹兹堡的家中，早饭吃得比平常晚一点。当我刚拿起盛味噌汤的碗时，就看到电视里播放一架客机撞向世贸中心大楼的景象。由于我平常研究机器人图像识别技术，经常有机会处理一些图像，所以当时根本就没有把电视上播出的节目当成是真实的事情。

**发生多起恐怖袭击的一天**

"居然有飞机飞得那么低！"

2001 年 9 月 11 日，电视播放第一架飞机冲向大楼的影像时，我看到飞机在以世贸中心大楼为背景的画面上飞过，感觉就好像是在看画一样。当时只觉得"哎呀！撞上了！这下出大事故了！"然而并不知道究竟发生了什么事。之后第二架飞机冲过来，我才意识到，这不是一次简单的事故，其中更有深层次的内容，但也绝对没想到是自杀式撞机事件。那时开始，电视报道中出现了"恐怖主义"这个词。之后报道说："还有两架无法取得联系的飞机飞来。"

当我知道第四架被劫持的飞机坠落在匹兹堡的时候，已经到了工作地点——卡内基梅隆大学的研究所。虽然早就到了工作时间，但同事们还是激动地议论着这个事件。然而意外的是，面对这种突发事件，人们的大脑仿佛都停止了运转。"还会不会有更多飞机撞上来呢？"大家谈论着这种话题，已经无法去想更深入的事情。

## 遭遇危机，就要快速行动

研究所的电话铃响了，是美国联邦调查局（FBI）打来的。

"我们想得到坠落现场详细情况的地图。"

他们是想要我们使用勘查地形的自动操纵迷你直升飞机，到坠落现场的上空将散落各处的飞机残骸的状态用摄像机拍摄下来。几天后，我们将迷你直升飞机升到坠落现场上空，将激光传感器拍摄的三维图像经过计算机处理，制成可以对现场情况一目了然的三维地图，提交给了FBI。

老实说，从一名研究者的角度，无论是直升机系统，还是后面会提到的能在核辐射环境下工作的机器人，都远远不是完善的系统。

在美国，一旦出现什么危机，整个国家都会迅速行动起来。发挥决断力的速度非常快。他们非常现实——无论是什么、只要有帮助的全都用上，这种概念非常强烈。因此在美国，当国家遇到紧急情况时，大学提供全面协助是很自然的事情。

## 能用则用的现实实用主义

如果换成日本会怎么样呢？由于目前为止的一些原则规矩的制约，现实世界中发生了什么事件或者危机，大学全面协助政府共同应对的情形，是很难看到的。

前些年，日本东海村发生过一起核泄漏事件。东海村核泄漏事件一经报道，就有很多美国同事对我说："武雄，马上把上次切尔诺贝利事件用的机器人拿回日本吧，日本的人们一定很高兴。我们主动向日本政府提建议吧。"

他们所说的是几年前，由于切尔诺贝利核电站核泄漏事件的事故现场保存状态不断恶化，为了对其进行检查和处理，美国和俄罗斯政府共同开展的一个项目。作为项目中的一环，卡内基梅隆大学与匹兹堡的一家公司合作共同开发能在核辐射环境下工作的机器人，之后运到了切尔诺贝利投入使用。

现实的问题是，日本的机器人技术更高，不知道我们的机器人拿去了是否会起作用。但这种一遇到危机便马上想到提供机器人倒的确是美国人的做事风格。

据说实际上美国能源部部长向日本正式提出过"我们准备提供机器人作为援助"，也就是我们在切尔诺贝利用的机器人。然而再也没有听到任何日本政府接受了这一提案的消息。

虽然现实一点说，日本当时同样拥有高端的机器人技术，而我们那个机器人也不可能在日本迅速投入并发挥作用。不过从这件事可以看到，事故发生后马上就想到机器人并且提出援助请求，这真是非常典型的美国政府行为。

Too little, too late.（太少了，太晚了。）

这是 20 世纪 90 年代初海湾战争中很有名的一句话，是指日本虽然最后提供了 130 亿美元的高额援助，但为时已晚，没有得到国际社会的高度评价。

很多时候日本缺乏"决断速度"。现今是一个国际形势变化无常的纷乱时代。技术上也是如此，互联网的普及决定了越来越有必要对新鲜事物进行快速反应。如果决定失误还有改正的机会,但如果什么都不决定,就根本无法前进。

为了迅速做出决定,就需要提高"思考的速度"。翻来覆去地思考太慢了,需要迅速做出决定时,就一定要简单且单纯地思考。

## 第 2 节 | 互联网重构社会

互联网技术突破了现有国家和组织之间的壁垒，使实时信息交换和信息共享变成了现实。

### "9·11"事件发生时唯一可用的通信手段

我手边有一份国家科学研究委员会（NRC）发表的报告，名为《危机下的互联网》。NRC 是由美国科学、工学、医学三个学会组成，独立于政府、为政府的科学政策等提供建议的组织。

据该报告称，"9·11"同时多起恐怖袭击事件发生时，电话等通信手段均有一段时间完全中断，但互联网自始至终是可以用的。虽然有时速度较慢，但它却是唯一完全保持了基本功能正常使用的通信手段。

大楼完全倒塌后，人们可以通过访问 CNN 或纽约时报等媒体的网站，获得实时更新的消息。由于电话不通，有很多人转而使用网络电话。

互联网采用一种名为包交换的通信技术，就是在发送一条信息时，发送端将信息分解成许多信息包，再通过网络传输。每个信息包都完全独立，并且根据当时的网络状况传输，有时候到达收信端是通过完全不同的路径，甚至到达顺序与发送顺序也不同。然后收信端再将其还原成原始的信息。这种方式是在开发互联网的原型——ARPA 网络时，为了提高可靠性和效率而采用的技术。

纽约是互联网的一个重要节点。虽然世界贸易中心大楼及周边的互联网通信设备、光缆、电源等遭到破坏，但这种影响只是一时的，不会波及全世界，互联网仍然维持着它的功能。令人意想不到的是，"9·11"事件竟成了包交换通信技术的一次压力测试。

互联网就是这样一种东西，它永远联通，拥有双向通信功能，可以通过网络连接的人或传感器获取并存储庞大的信息。

在这些信息之中，最重要的信息之一就是世界上所有区域内人类活动的信息。

## 互联网突破了技术开发上组织之间的壁垒

随着信息网络的飞速发展，技术开发人员之间的关系也变得活跃起来。

这种情况在大学里也比比皆是。不仅是工学，很多科学领域都需要共同研究。以前如果想找一个研究伙伴，就要通过所谓"前辈网络（Old Boy Network，OB）"——人际关系网，向前辈询问"有什么合适的人选吗"，前辈就会介绍说："我认识一个人，他正做这个研究，你看怎么样？"

但是最近寻找伙伴的方式产生了很大的变化。我也经历过这样的事情，一个从来没见过面的人突然发来邮件："我看到了介绍您研究工作的主页，很想和您一起研究。"

实际上，超级碗比赛转播使用的"Eye Vision"这项工程就是CBS电视台的技术人员通过互联网进行大量调查，做了详细比较，据此找到我，然后说"金出教授，我们需要您的协助。"

当他们说"您从事过这个研究，想必我们的事情对您而言也不在话下吧"，我就很吃惊他们对我过去研究开发的项目进行了如此详细的调查。

## 用互联网保护日本文化

日本人因为看重人情羁绊，应该很少有没见过面不认识的人突然说"我们一起做项目吧"。但是，随着信息网络的发展，以前那种只通过"前辈网络"交流的方式的价值正在下降，并渐渐被一种更活跃的交流方式所代替。

以前，之所以东京大学、京都大学这些一流名校能够独占鳌头，就是因为他们独占了信息和人才两大资源。但现在借助互联网技术，谁都可以获得最新的消息，甚至还可以开展国际合作。合作的方式在变化，价值也在变化。这还有助于消除因为毕业于同一院校而结成学派的流弊。

另外，商业界的"大企业神话"已经破灭，地方上的小企业开始和外国企业合作，共同推进商业发展。

所谓互联网时代活跃的交流方式，就是必须要和从没见过、从未听说的其他文化背景下的人共同合作。

例如，共同进行研究时，一定要互相把自己的观点鲜明地讲出来。特别是第一次合作时，一定要弄清楚自己的想法与合作伙伴的想法哪里类似、哪里不同，这将是通往成功的捷径。

"感觉挺像的，一起做吧。"这样是绝对不行的。

根据我的经验，与他人共同进行研究时，如果研究伙伴之间都有一点竞争意识，都有很强的紧迫感，这种情况下便很容易成功。可如果是一群没有紧迫感的人集中在一起，最终的结果就不会让人太满意。

美国已经开始使用信息网络的功能重构社会。我认为，日本是无法逃离这个世界潮流的。有人说，这场变革是以英语为中心的，会破坏日本的固有文化，我认为，这种担心完全没有必要。

日本现在已经是开放的文化，再也不需要像贝壳一样关起来保护自己了。利用互联网来传播才是对日本文化的守护。

# 第 3 节 | "别人怎么看自己"——强迫观念与存在感

心理学家说,无论是谁,都会在潜意识中认为别人在注意自己,比如,裤子后边撕破的时候,这个人就会非常在意是不是被别人看见了。事实上,别人不会在意这种事情。

**美国人不在意别人的眼光**

从美国人的言行中可以看出,大多数美国人都不太会在意周围人用什么眼光来看自己,也不太会关心别人怎么议论自己。这种态度既表现在美国人日常的生活态度上,也表现在美国国际经济政治的政策上。

但是,恰恰正是像这样的美国人,只要在某个学会或者是委员会中发了言,不知为何就会影响大家的意见,决定议题和报告方向。虽然同意的人也感觉到不快,但是发言者的意见的确让人觉得一语中的。也就是说,不知为何发言者的存在感很强。

日本人又是怎样看待别人眼光的呢?一般情况下日本人对来自别人、外国人,以及世界的看法都非常敏感,总是感觉别人在评价自己,换而言之,就是有点自我意识过剩。

所以日本人批判那些不顾及别人看法的美国人,觉得他们应该多在心里做自我反省,并且觉得美国人这样的态度是对自己的不尊重。这其中混杂了深层次的心理缘由。

我们阅读日本的新闻就会发现，常常能看到这样的报道"日本会对本次事态做出什么样的贡献，持有什么样的态度，对此华盛顿方面非常关注"，然而，对于这件事，姑且不说读者根本就不知道本国政府与华盛顿政府间的中枢关系，普通百姓也根本不关心这种事情。

如果想象得恶劣一点，这种标题可能是记者自我意识的一种表现，或者是他想写出来，寻求美国政府相关人员的意见。然而即使去向那个记者查证，肯定也会得到这样的答案。

## 日本人的存在感很弱

我在前面提到过，久居国外的人会变得更加爱国，我也是如此。正因为有这种思想，我更加深刻地体会到，一般的美国人对日本及日本人的存在意识很稀薄，毫不夸张地说，也许对于他们来说，日本和日本人几乎不存在。

比如说，在美国一般的电视频道里，如果有关于日本人的节目，也仅限于像久米宏、筑紫哲也这样著名主持人所主持的新闻节目。不过，他们是因为各自单独采访了世界最重要的领导者，所以在世界范围内获得了与日本本土主持人不可同日而语的影响力。

这样的主持人说过："布什政府领导的美国是令人失望的轴心国，该言论在世界范围内引发的影响是……"然后，会介绍当时作为同盟国的英国、德国、法国，作为对立国的俄罗斯、中国，美国周边的加拿大、墨西哥等的反应，但是很少会有"同盟国日本"一类的说法。相比之下，反对美国的法国等国，出场的机会反而还要多一些。

我所住的匹兹堡有一份当地报纸，不管国际上发生什么事情，"日本"这个单词一年中在版面上也就出现几次而已。匹兹堡是全美可以排进前 20 名的大都市。虽然可能是因为地处美国东部的缘故，但提到日本排在前 20 名左右的城市，我们可以拿鹿儿岛、八王子和新潟为例。在鹿儿岛，如果当地报纸连续几天没有提到"美国"，那可是一件怪事。

恐怖袭击事件发生后，美国发表了共同防范恐怖主义的 20 国清单，其中没有日本。后来美国国务卿鲍威尔公开道歉，表示这是一次失误，这件事才算了结。

在我看来，这并不是有意为之，的的确确是无意识的错误。而这也并不是美国人的问题，而是日本自身的问题。比如盟国列表中如果忘记列出英国，不要说发言人，就连打字员都会问："没有英国，这合适吗？"

他们不可能是因为认为日本不该名列其中而有意去掉日本。一定是列出名单及负责处理的人日常意识中没有日本，才会自然地把日本忘掉。即使是故意把日本排除在外，也比这种情况更有存在感一些。

新闻记者和电视节目主持人为什么不把这种现状报道给日本人，并提出"如何才能够让世界感到日本的存在"这样的讨论呢？我因此对他们感到非常不满。

## "就这么做"的美国和"还是不做为好"的日本

"日本作为世界经济强国，为什么会被轻视呢？"

身为一名爱国者，我对此非常不满。并不是因为美国轻视亚洲。美国人认为亚洲具有非常重要的地位。但非常遗憾的是，对于一般的美国人而言，他们几乎意识不到日本的存在。

至于原因，我想可能有两个：

第一，日本几乎从来没有主动领导或组织国际事务。

## 第 4 章
寻求决断与明示的速度

一般情况下，为了做一件事情才会有争论，持否定意见的一方永远处于从属地位。能够提出"不去做"是有一个"需要做"为前提的，也就是说，一定是先有人说"需要做"，然后提出"不做会好一些"的人才有存在感。美国就是一个经常说"需要做"的国家，相对而言，日本应该划入那个常说"不做会好一些"的分组里面。这个分组的成员常会说"这样做显得很傲慢""应该多听取大家的意见""即使做，现在的做法也不对"。

听起来，以上的意见很明智，但是如果有人问："那么，不这么做就好吗？""那么，如果不这么做，我们应该采取什么措施呢？"日本人却又瞠目结舌答不上来。如果不能够说出"如果是我，就会这样做，用这个方式去解决问题，这件事情就交给我吧！"就无法显示出充满存在感的魄力。

第二，日本总是抱有观察其他国家意见的想法，直到最后一刻才提出自己的意见。没有胜利的把握，就加入优势一方，其出发点的确是考虑国家的利益，但这样一来，日本在国际事务中就一直处于被动，无法让人感觉到日本的存在感和领导能力。

在本次伊拉克事件中，这一点体现得非常明显。英国、德国、法国，无论赞成还是反对，都能够很鲜明地表明自己的立场和态度，然后拉拢与自己同一立场的国家。而美国国会议员为了抗议法国的反对态度，竟然建议把餐厅的 French Fries（法式油炸食品）改为 Freedom Fries（自由油炸食品）。法国引起了美国的厌恶，但事实上也得到了美国更大的关注。

当时美国夜里的电视娱乐节目中却把提出这个建议的议员大大地讽刺了一番，开玩笑说"那么也把'French Kiss（法式接吻）'改成'Freedom Kiss（自由接吻）'吧"。这就是美国人的作风。

不管怎么说，要是赞成就表明赞成，要是喜欢就表明喜欢，必须清楚地说出来，在这一点上，谈恋爱和国际政治都是一样的。

## 第 4 节 | 不要拿"日本独有"当成挡箭牌

我们有时候看问题，喜欢遵循文化和感觉上的角度来辨别真伪。然而，果真如此吗？如果你换一个看问题的角度，也许会得到完全不一样的结论。

有一种说法叫作"日本独有"。如果提到"日本独自研究的技术""日本人才能研究出的技术"，日本人定会感到得意洋洋并且深表赞同。但这究竟意味着什么呢？

### "日本独有"的文化和习惯

"日本独有"这种说法，一般在叙述事实的时候用于褒义的情况比较多，但也有用于贬义的时候。

"'以柔克刚'——你可以看到在日本特有的武士道精神上所体现出的思想。"

"这里体现的是日本特有的和服文化的美丽。"

"尊敬语和谦让语分开使用是日本语言所特有的习惯。"

"神佛合一也是日本所特有的宗教观。"

"认为女性是不圣洁的，这种特有的女性观导致了日本女性地位低下。"

在我看来，我们在日本的文化、社会、宗教等方面都能看到日本所特有的一面，无论它的影响是好是坏，只要是在日本存在的，都不能随意定性，对于它的好坏、真假，我们应该自己加以判断。比如，宗教学家认为人口计划生育的思想有悖于天主教的教义，但这些插嘴对于发展中国家的人口政策可谓是多管闲事。

科学领域又怎样呢？应该没有"日本所独有的物理理论""以日本思想为基础的生物学"这样的说法吧。过去，前苏联认为"达尔文的进化论是资产阶级的思想"，而推崇李森科（Lysenko，1898—1976年，苏联生物学家和农学家）的进化论（李森科认为，环境的变化可以诱导生物遗传向某一方面变化，现在这种理论没有得到广泛承认）。但是自然科学的真伪并不是某个地域能决定的，它需要全世界的认可。

## "日本独有"与"美国独有"的技术

技术方面又怎样呢？由于社会和文化因素的影响，也有"日本独有"的东西。例如，计算机输入领域的自动汉字转换技术，它就是日本独有的，同时也是应用了自然语言处理和人工智能技术的一种高端技术。

但是，除了这种情况，如果是为了说明某项技术水平之高而使用"日本独自研究的技术""日本人的技术"之类的说法，我便会对这项技术的真实水平产生很大的怀疑。

我认为这是有人为了反对曾经盛行一时的"日本没有独创的东西"这种言论，而故意说"这正是日本创造的，证据是……"，是为了特意强调日本才用的说法。

现在在美国，没有人会说"这项技术是美国特有的"，因为没有这样说的必要。

美国通过西部开发，从 19 世纪后半期开始，国力慢慢强大起来。那个时候，英国就曾批判美国的技术："美国的技术都是建立在英国科学发现的基础之上。"有意思的是，在那个时候，为了辩解，美国也有"美国独有"这种说法，英语是"American Ingenuity"，意译就是"美国技术灵魂"。像在美国的西部剧中出现的柯尔特式自动左轮手枪，还有格林机关枪这些有转动机关的枪，就是体现"美国技术灵魂"发明的典型代表。现在这个词在日常生活中已经基本不用了。

## 好的东西谁想出来都可以

仔细地思考一下就能体会到，如果将"我想出来的"说成"因为我是日本人，所以才能想出来"，这种说法就是表明除日本人之外的人都有缺点，拒绝和他们相提并论。如果反过来有人对日本人说"我是法国人，所以才思考出来"，我们又会怎样想呢？我认为只要是好的东西，由谁思考出来都可以。

事实上，迄今为止被大肆宣扬的所谓"日本 OS（日本操作系统）""日本软件"等在世界范围内并没有流行起来。结果，只是在日本本土范围内使用。与其说这是日本独有的技术，还不如说是日本所特有的文化吧。

相反，在世界上卖得很好的汽车和电器产品，就并没有这样的说法，像是"日本制造的汽车""日本人发明的随身听"，等等，因为没有必要这样说。

为了避免误会，还是说清楚比较好。但并不是说，日本所特有的文化和一些日本的技术就不好，也不是说在日本就产生不了世界通用的技术。像"假名汉字转换"这项技术，就已经成为自然语言处理领域中得到世界范围内一致认可的一项杰作。日本人很有创意也是众所周知的，我比任何人都相信这一点。

还记得我离开京都大学到美国时，我的恩师坂井利之教授就告诉我："金出君，到了美国以后不要因为自己是日本人就得意。"

直到现在我仍然感谢恩师的这句忠告。

我想说的是，在技术领域，不要把"日本独有"这个概念当成"只能在日本使用"，而要在全世界范围内一试身手。

## 第5节 | 吸引人的领导艺术

在美国,很多重要大学的研究所所长和系主任等职务并不是轮流担任的闲职。他们既是负责组织运转的经营者,也是老板、领导者。在美国,最高职位的人要制定战略并负责指挥。这些人一定要具备能准确判断当前形势并制定计划方针的决断能力。所以这样的人一定是精力充沛的。即使这个人很年轻,只要他拥有领导才华也照样可以被委以重任。

在卡内基梅隆大学中,在我之后继任机器人研究所所长的人刚刚四十出头,而目前在电气工程学这一巨大领域中的现任系主任也是这个年纪。在他读博士时,我是他的指导老师。我现在仍然是电气工程学科的教授,而我以前的学生现在却成了我的"领导"。所以,他们两个人都可以说是很能干的人。

**商业贸易谈判时,美国人只来一个,日本人则来三个**

有一位在贸易公司工作的人说:和美国交涉时,他们会派一个代表过来,就产品的优劣和价格进行协商。他不需要与任何人商量,自己与我们讨论价格并做最后决定。达成协议签约时,他签个字,就回去了。

而换成日本的话,就会派专务(相当于执行官)、部长(相当于部门经理)、部员(普通员工)三个人参加。评判产品质量等技术工作交给部员,部长主要负责协商价格。如果某个环节有点拿不准的话,部员就会向部长请示，由部长来做决定。专务的职责就是为一切工作做最后的把关，然后签订合同。所以，日本人认为谈判最少也需要三个人同时在场。

美国公司在商务谈判时只派一个人的做法，是有一定道理的。谈判时和谁见面，采用什么形式会谈，这些都是那个人的资本。如果带别人一起去，就得把自己的知识、技巧、关系传授给他人。这样就会降低自己在企业中的价值，地位也可能随之变得危险。这就是为什么美国公司都只派一个人。

## 时代剧的地方官、西部剧的警长

如果有人问我日本和美国在领导方式上有什么区别，我会回答："美国的领导就是西部剧里的警长，日本的领导就是时代剧里的地方官。"

在电视的时代剧中我们会看到，去抓坏人时，地方官就会一身正装，率领手下的武士出动执行任务。到了现场之后，他会命令手下排成扇形阵式，大喊一声："上啊！"而自己不到最后是不会出手的，比如说进击的大石内藏助。

他过去可能很强，现在身手已经不如部下了，如果还要站在前面装腔作势，既帮不上大忙，部下们也会看轻他。而喜欢最开始就跟坏人乒乒乓乓地打，把坏人打得落花流水的鬼之平藏和遠山之金却是例外。

美国西部剧中的警长一般都比助手强很多。特别是位高权重的联邦警长更是这样。怀特·厄普（19 世纪美国西部开拓史上最富传奇色彩的英雄，正义无私，威震四方，毕生以"亲情"与正义为信念）就愿意一个人单枪匹马到犯罪现场，与恶徒进行一场以拔枪速度定胜负的正义与邪恶的较量。

"拔枪我最快，我的助手是赢不了对手的，所以当然是我出面取胜了。如果我输了，那就都结束了。"

也就是强调自己作为现任警长的职责。

我于 2001 年辞去了机器人研究所所长的职务。我做了十年的所长，觉得工作"正好告一段落"，就辞去了所长的职务。回到日本时，有人问我："辞职以后，您接下来担任什么职务呢？"

"没有没有，我只是辞去了所长的职务，还是从事和以前一样的研究工作。"我这样回答，对方就会一副惊讶的表情。在日本，研究所所长这个职务是研究所最高职务了，这需要一定年龄和相当程度的经验。日本人觉得，所长之后就应该担当顾问或者是委员长这样的角色。

在美国，即使升到了最高的职位没有专业知识也是行不通的。评价一个人的标准不是看他的头衔，而是看他担任某项工作的表现。我无论在担任所长时，还是那之前，或是在辞去所长职务后的现在，所做的研究没有任何变化。

要想不被别人当成摆设的木偶，无论到什么地位都要履行好自己的职责。

## NASA 长官的鲜明个性

在我所遇到的人当中，要说个性最强的领导就应该算是美国国家航空航天局（NASA）的前任领导——D·戈迪了。他是在挑战者航天飞机失事以后被任命的领导者。上任以来，他打出了"组织更小，成本更低，速度更快"的口号，一直致力于改革机构臃肿的 NASA 组织。

卡内基梅隆大学的机器人研究所在 1996 年我仍在担任所长时，成立了一个名为机器人技术联盟的新机构。该机构建在学校外面一个 6 000 平方米的空地上，装备有农业、采矿、行星勘查等领域应用的大型机器人的开发试验设备，目的是将机器人技术产业化。NASA 给这个项目提供了 5 亿美元的资金支持。所以，NASA 的戈迪局长也从华盛顿赶来参加联盟开幕式。下面是我作为研究所所长前往匹兹堡机场迎接他时发生的事情。

他下了专机，正要踏上来接他的豪华客车时，忽然转身对我说："让那些聒噪的狗都闭嘴！"

他指的是卡内基梅隆大学专门负责筹集机器人技术同盟资金交涉工作的员工。

他说："我们之所以提供资金，并不是因为那些资金筹集人唠唠叨叨说的一堆东西，而是因为你们机器人研究所的工作做得非常出色。让他们别误会了！"

他的语气非常激烈，毫不注意用词。以我的英语水平，要说出同样的意思相当困难，因此我当时也不知道该怎么回答才好。

好在他很快就把话题转移到和宇宙相关的一些机器人技术上，或是专业领域的一些问题。我很佩服他丰富的知识。

接下来开幕式上的致辞，与其说是致辞，不如说是 20 分钟的演讲，里面充满了精妙的见解。后来我听说，他把助手写的发言稿全都自己改写了一遍。之后的招待会上，他不和其他的来宾寒暄，却到处与技术人员或学生轻松地探讨，而且态度非常认真，没有半点说教的口吻。

NASA 每年预算大约有 150 亿美元，可以说是美国的招牌性机构。其领导的应酬、讲话和行动都和我以日本人的印象所想象的完全不同，真是让我大吃一惊。

在这样的领导者下边工作一定很辛苦，但整个组织也会因此发生巨大的改变吧。

# 第 6 节 ｜ 无法顺利进行的时候，干脆就掉转方向

由于企业、大学、政府都在不停招收优秀人才，个人在目前的单位中，只要不做出格的事，都能平稳地走到退休那一天。

时代改变了，从今以后任何时期在任何岗位上都要竭尽全力去考虑和对待你所面对的工作，在此基础上肯定会产生一些新的想法、活力和流动性。而我们的社会也将随之不断地发生改变。

## 学生的"黑色星期五"

我所在的卡内基梅隆大学计算机专业研究生学院集中了世界各地顶尖的研究生，他们要经历比平均水准难 30 倍的竞争才能脱颖而出来到这里。这些研究生都非常优秀，而且也都在拼命学习。

计算机专业自形成以来，有一个特别的传统。这是被称为"黑色星期五"的大集会（名称来源于 1929 年 10 月 24 日的大恐慌——黑色星期四）。

每年两次，学期结束时，所有教师都集中到一间教室，对每位研究生进行评价。评价结果不好的学生，甚至会被开除学籍。所以这个日子对学生来说是一个恐慌日。

黑色星期五那天，首先宣布一名学生的姓名，然后学生的照片、履历等信息就会在屏幕上显示出来，接下来，指导老师会报告该学生本学期的活

动。报告内容一般为"做了非常了不起的研究""写了不少论文""总是关心研究以外的事情，而研究没有丝毫进展""最近，结婚了"，等等。其他熟悉这名学生活动的老师也会补充一些别的信息，例如，"本学期，该学生做了我的教课助手，做得非常出色"或者是"我在走廊里跟该学生聊过，研究方向不是很明确"，等等。

讨论的结果会整理到一封名为"黑色星期五"的邮件当中，然后发送给学生。对于比较顺利的学生，信件上会写着"祝贺你，你取得了迈向博士生标准的长足进步"这样的字眼，并在信后附有各种各样的注意事项或者是建议。

而评价结果不好的学生一般会在信件中读到"你必须在下学期证明你具备这方面的能力，否则要退学"这样的话，最差的就是"下学期不用来了"。

会议上大家侃侃而谈，特别是涉及否定结论时。因为这种否定和学生一生的命运相关，所以往往一个人会陈述一小时以上，甚至有时候会陈述更久。

实际上包括日本在内的几乎所有研究生院，一名研究生的命运往往掌握在某位教授的手中。这显然是不公平的。"黑色星期五"由此而生，目的是由全体教师正确地给出一个共同评价。重要的是，让没有规划未来的同学，尽早寻找一条适合自己的道路。

## 针对教师的评价制度

出于同样的思路，卡内基梅隆大学针对教师也有一个相对客观的评价制度。

一般情况下，如果要担任博士生导师，首先要担任一届（3年）学生的助理教授，三年后对其做一个评价确定其是否能够继续担任，如果评价结果良好，就可以继续担任三年；三年后再根据评价，可以晋升准教授，或者退任。如果能够顺利地通过此评价，待到担任准教授三年期满，就会有一项是否终身任命的评价。

换句话说，通常情况下，每隔三年换一个职位，累计九年以后才能得到终身雇用的权利。之后是否能够晋升为正教授将不再会有年限限制，这种评价是一个标准。如果是中途录用的人，会在某个评价的基础上，给出一个相应的定位后，正确地在此定位的基础上去执行这个晋升制度。

所谓的评价就是说写过什么样的论文，发表过多少篇，制作过什么系统，教过什么样的课程，是否指导过研究生等，要对这些信息进行斟酌考虑。这些数据虽然也非常重要，但更重要的是给其他的大学，企业人员等十几个人发送咨询邮件的反馈信息。第九年决定是否终身雇用的最后评价，是最为严格的一次评价。

这些评价会议需要比被评价人职位更高的学科内的全体教授参加后才能召开。

例如一个人所编写的软件，在社会上是否成为了标准、是否被商用系统所广泛使用、他所教的学生是否成名，这些都将成为关键加分点。之所以这些能够成为关键加分点，是因为这些数据能够充分说明他对社会产生了多大的影响，而这正是社会评价他的最大标准。

评价制度的严格程度，如果用语言来形容的话，曾经被称为"Publish or Perish（发表或者消失）"，近代称其为"Demo or Die（演示或者死）"。业内常常听到某某人在这类评价中不幸落马的消息，所以，经常有人会觉得美国大学也是一个充满竞争和猜忌的战场。

但是，我认为这种评价制度的目的，并不是为了在任期结束时辞退你，而是在你任期满的时候给你一个评价——合格的人晋升,不合格的人将被辞退。所以事实上,也会有任期结束之前对晋升没有任何限制的情况。实际上不满九年,用五年就进入终身雇用阶段的人也是有的。

评价制度只是规定了晋升的最长期限,而最短期限却是没有任何规定的。而日本的规定却与此相反,往往喜欢给出最短期限,比如"只限于在职五年以上人员"等。

一个好的评价制度,它的目的是防止出现一些既不想辞职也不想晋升的平庸之辈。就好比如果不能遵守高速公路上最低限速的规定,那么最好的选择就是去走一些普通的道路。对于我们也一样,一定要尽早考虑自己应该做什么,并在一个适合自己的职位上去拼搏奋斗。

## 换工作是了解自己实力的机会

在美国,无论是在大学,还是在企业,大家都认同长期在一个不适合的岗位,或者在一个不适合的关系中发展,对双方都不是好事情。

在"黑色星期五"的评价中,常常会有一些提案,比如说"某位同学的兴趣已经变了,他正在考虑要不要继续跟着现在的辅导老师学习。是否应该让该学生做 A 教授,或者 B 教授的学生"。这一点和日本也不一样。在日本的教育系统中,学生一旦确认了一位导师基本就不会改变了。

我有一位学生,在卡内基梅隆大学做了老师。根据我对他的观察,虽然他在博士生时代表现出色,后来却一直表现平平,停滞不前。所以,在对他做评价的时候,我只能很抱歉,投了一个否定票。他借此机会换了新的领域,在研究活动中表现活跃。到现在为止,我们仍然关系融洽,也会合作研究。

在美国的社会结构中,存在着价值观的多样性、对个性的尊重,以及人员高度流动性等背景因素。美国企业一般都是出入自由的企业。也有很多曾经被辞退的人因为在其他地方重新充实了自己，再度回到原来公司。学生也会选择一个适合自己的地方去培养自己的实力，之后进一步去条件更好的企业。因为正是通过工作的调动，开始对自己的实力有一些了解，从而寻找新的机会和更多的挑战。

正是在这样的背景下，我认为黑色星期五也好，评价制度也好，都应该坦然地去接受，去面对。

## 第 7 节 | 评价本来就是主观的东西

负责经营、运作或者企业策划等工作的人，其职责并非客观地决定某些事务，而是根据反映活动的资料和信息，遵循世界潮流和自己的主张，主观地做出决策。而且，这些决策最终会为整个组织带来怎样的影响或收益，也将成为对决策者本人的一种评价。

**评价是很难的**

现在日本的研究界，充斥着"评价"。

一直以来，在大学中，无论是作为个人的教师，还是作为组织的系部，无论工作结果好坏，得到的待遇都是一样的。所以有人提出待遇的好坏和研究经费的多少由研究成果决定。这也是让人们拿出"干劲"的一种方法。

由于业绩的评价结果对个人有直接的影响，在日本，最大的问题就是业绩评价的方法是否公平、客观。

研究者在学术杂志上发表自己的成果是天经地义的事，于是最客观的业绩评价方式就是根据学术杂志上发表的论文数量来评价。但是，研究者还会出席各种学术会议，并在会议上发表论文。于是人们规定，发表在学术杂志上的论文，权重为 1；国际会议上发表的论文，权重为 0.5；国内会议上发表的论文，权重则为 0.3。

然而，有些国际会议的审查比学术杂志还要严格，而有些会议中，如果有人想发表论文的话，会议主持会很热情地欢迎，根本不做什么审查。所以就有人提出，在审查严格的会议上发表论文和没有审查的会议上发表论文得到相同的评价，实在不合适。

还有，系统开发等领域的论文不是简简单单就能写出来的，写出来的东西是得到专利的。所以有人说，论文不能只看数量，还要把论文的价值作为一个参考依据给予客观的评价。

这样，评价的规则就越来越复杂了。

但是我认为，为了做到"客观评价"而费事制订的规则没有什么意义。

## 为什么日本不能取消大学入学考试

美国很多大学是没有入学考试的，像哈佛大学和耶鲁大学这些非常有名的大学，对入学者的选拔都是根据入学选拔委员会的书面筛选所决定的。虽然美国也有相当于日本的大学入学考试这样的考试——SAT（SAT 为 Scholastic Assessment Test 的缩写，是美国高中生进入美国大学所必须参加的考试，相当于中国的高考，也是世界各国高中生申请进入美国名校学习能否被录取及能否得到奖学金的重要参考），但申请名校的学生 SAT 成绩都很高，所以是否能够顺利进入，很大程度上还要依赖于高中时期的成绩单、任课老师的推荐书、社会活动经历，等等。

虽然入学选拔委员会为了做比较也会给学生们打分数，但这个分数不能说是客观的。因为每个人打分都有自己的评判标准。此外无论哪个大学，都会倾向于接收一些具有特长或是个性的学生。除了学习能力，比如某个学生擅长体育，某个学生有着丰富的社会活动经历，又或是某个学生在音乐方面有特长等，都会被入学选拔委员会考虑在内。总的来说，大学希望有各种各样背景的学生入学。但是，这个和日本的"一艺入学"（一艺入学相当于国内的特招生，是指学校招收一些拥有某项特殊才能的学生）是有一些不同的。

某个学生是否进入该大学，完全取决于入学选拔委员。

有一次，日本有一些相关人士去普林斯顿大学考察，听了负责教务工作的副校长介绍完新生入学的选拔方式之后，问道：

"这么说来不是很大程度是主观判断的结果吗？"

得到的回答是："是啊，就是主观的。这有什么不对吗？"据说当时日本人很是吃惊。

在日本，比如东京大学的入学选拔，如果有人说"这个由我来决定"，那么肯定会在社会上引起轩然大波。那些不被录取的学生父母就会说："为什么录取那名学生，而没有录取我家的孩子。我家孩子在学校的成绩明明比他好……"那个时候，负责入学选拔的人想必无法正视学生家长的脸说："啊，的确，您家孩子学习成绩可能是非常优秀，但对于我们大学来说，我们更想要一些那样的学生，所以就录取了另外一个。"在日本如果有人能这么说，那他一定是没有任何社会经验的人，现在的社会也不允许存在这种事情吧。

这时候如果解释成"这个无论怎么说，您家孩子分数都是低了一点，实在是没有办法啊"，就容易说得过去了。因为这种说法，把入学与否的决定权交给了"客观"的分数，而不再是人。

但是不要忘了，制定这种考试制度的时候，规定考试分数高的人机会优先，这也是一种主观判断。

## "客观"评价的危险性和欺骗性

在我看来，在日本，被评价的人，并不害怕别人怎么评价自己，反而做评价的人，会害怕做出评价。例如，在公司，如果职员质问组长："这项计划为什么没有通过？"组长会这样解释："我个人认为这个计划还是非常不错的，但是，因为这是部门经理的意思，所以……"然后就这样，部门经理推脱说是副经理的责任，副经理就推脱到经理那里，经理最后说："嗯，这些都是交给大家处理的……"结果也推得一干二净。

那么，所谓的"评价"，到底是怎么回事呢？

虽然论文发表的数量、获得的专利数目、开发系统数都是客观的数据，但评估价值的标准取决于组织或者个人认为什么更重要。所谓"决定"，本质上来说就是决定者主观的想法。进而，评价本来也就是主观的。也就是说，评价就是某人的主观判断。

在日本的研究所或者是大学里，如果某件事被批判说"以前的评价还不充分"，那么大家就会向"更深入评价"这个方向倾斜。其实，无论是从前还是现在，谁做了好的研究，谁没拿出成果，大家心里都很清楚。

问题不在于"没有评价"，而在于"没有因为评价的结果而做出相应的改变"。在最近盛行评价的风潮中，人们出于"必须进行客观评价"的考虑，把论文的数量等参考条件都进行机械的加权衡量。如果盲目遵从这样的"客观标准"，恐怕就更不妥了。

## 第 8 节 | "自己决定"是一种勇气

今后组织里最重要的是拥有自己意见的人才。另外，还必须做到能够很好地倾听别人的意见。因为我们能够从别人那里学到很多东西。对于不同的意见，如果能明确双方争论的焦点，就能通过相互协商解决问题。持有自己意见的人所发表的观点，即使是表示反对，我们还是能够从中得到很多有价值的参考。更直白地说，也就是我们不需要没有意见的人。对于在会议中从不发言的人，给他的最好建议就是："下次会议最好不要再出席了。"

也许大家提出了种种意见，会出现一时还难以定夺的局面。其实，最终决定结果的只是那个拥有决定权的人。

### 个人拥有决定权的机构变没了

在美国和日本的机构里都工作之后，感受到两者最大的不同是，在日本有许多人持有不希望"自己是决定者"这样的立场。为什么日本人都追求以"客观性"为基准，其实就是因为没有人想要做决定。

我认为"个人拥有决定权"这样的概念，无论是作为一种见解，还是在社会的组织结构里都已经丧失了。"实际上，我是赞同你的意见的，可是，因为有这样的规则"，摆出一种自己不能决定的姿态。曾经在职业棒球中，发生过教练围绕着裁判的判决提出抗议时，二出川延明裁判对其叱喝"我就是规则手册"这样有名的轶事。试想一下，这不是经营者或是社长之类的人才有的气魄和信念吗？

相反，在美国却有许多人希望说"我来决定"，"原则虽是那样的，但我这样决定"这样的话，他们无论在什么场合都喜欢间接或者直接地炫耀自己："我是很有实力的"。因为整个社会是竞争原则在起作用，因此明确地表明自己的主张可以说是在生存竞争中取胜的制胜之道吧。

## 为什么日本人不希望自己来决定

据临床心理学者河和隼雄研究认为："在英语里，第一人称单数只有'I'，因此无论在什么场合，使用'I'时，个人始终处于优先地位。而在日语里，第一人称被区分使用成'私''僕''俺'等情况。这时'场合'就处在优先的地位。"

也就是说，如果第一人称的使用不符合当时的场景，就会被视为非常危险。谚语说"枪打出头鸟"。正因为有这样的传统，如果自己擅自改变的话就会招惹麻烦。即使现在想改变，也必须遵循和以前相同的流程，最后只好放弃。

在美国，大学里的决定权按照校长、系主任、研究所所长、学科负责人各自的不同地位被划分得非常清楚。决策是由上层领导决定的，如果大家对这个决定不满意，那有可能导致比在日本更大的抗议。不过，决策由某个特定的人来决定这件事情本身不是什么问题。但是，如果是决策者做出错误决定，导致学校的风评变差之类的恶果，那么学校也会让其承担责任，引咎辞职。

例如，录用新教员时，学科负责人和研究所所长拥有唯一的决定权。候选人用一两天向学科负责人、教职工、学生们做演讲并且和大家见面。然后所有听过他演讲的人、面试过他的人、阅读过他论文的人将各自的意见汇总交给录用委员会。无论哪个级别的人都可以直抒胸怀地说"不错""那个人不行""如果选他还不如选另一位"等意见，甚至连学生都可以积极地畅所欲言。录用委员会汇总商讨来自各方面的意见并将最终结果作为参考资料交给学科负责人或者研究所所长。

无论你说出怎样的意见也无碍大局，学科负责人参看资料最终决定聘用人选。当然，因为是组织机构，学科负责人或者研究所所长一般也不会对来自底下的意见熟视无睹，草率地做出决定。但是，也会出现领导对自己赏识的，或是从特别的途径选上的候选者瞬间拍板的情况。

那么在日本又是怎样呢？由于大家对"决策者"这样的概念认识上还很肤浅。让众多的人各抒己见，事情必然就会变得烦琐复杂。因此，趁大家还不知情的时候直接通过录用委员会来决定人选。由于并未公开最终是由谁决定人选的，因此牢骚和不满必然会迅速蔓延开来。同时领导者也容易招来不负责任的骂名。

评价的根本点就是是否有决断力。这倒并不是很难，我们每个人都有自己决断的勇气就够了。这是冲淡社会闭塞感而跨出的第一步。

## 美国的官员都希望贴上"是我做的"这样的标签

有这样一个故事。20 世纪 90 年代初，美国一个调查团来调查关于日本经济部施行的"信息工程政策"。我作为调查团成员也随同前往。当时，始于 20 世纪 60 年代并持续到 90 年代的大型信息工程正如火如荼地开展着。"开展以来，维持了十年左右的项目有几个？"得到的回答是"加起来有 26 个"。调查团里又有人问："在这 26 个项目中，从计划开始到计划结束有始有终开展的有几个？"等他刚一问完，经济部的官员马上回答"26"。"不会吧？"翻译以为是自己听错了，于是又询问了一遍，得到的回答依然是 26，看来并没有听错。

当时由于日本正处于泡沫经济崩溃之前"欣欣向荣"的时代，于是调查团得出了这样的结论:"日本真厉害,一旦在日本实施的项目都能善始善终地完成。据说这是他们能从长远的角度思考问题的结果,我要写一份报告书对此进行报告。"我虽解释说:"不,这未必单是从长远角度思考问题的缘故,也许是由于想停止却停止不了。"可是谁也不相信我所说的话。因为如果让他们来做的话,与此项目相关的官员只要一经更换,便不会考虑将先前已横跨十年的项目继续进行下去。

在美国,只要负责的官员一经更换,整个计划也会随之变更,这已成为家常便饭。之所以这样说,是因为现行官员即使原封不动地继承前任负责人决定的事情并取得成功,在他辞职时,若是被问起:"先生,您在任时都干了些什么?"他也只能很尴尬地回答:"我什么也没干。"

在和我有关的项目里大部分的项目经理在从事新工作之后立刻对已有的项目进行检讨,结合现状决定是否有必要继续进行下去。同时他们还听取来自各方面的意见。只要一听说那个项目不行,就会马上推卸说:"这个项目还是中止吧,我重新干点别的新项目吧。"

总之,就是希望给自己贴上"是我做的""我启动的"这样的标签。也就是说,自己在任期都干了些什么。这一点十分重要并会影响自己此后的经历。

相反,在日本如果这样做的话就意味着是一种消极表现,特别是政府官员如果这样做的话就会引来"是那个家伙中止的"这样的评论。因此,绝不能半途而废。于是,以"有这样的前例"为基础,不怕失败进行新的挑战的人就无法在日本环境里生存。

这里我并不是说像美国那样不管什么都推倒重来就是好的。而且讨论项目是否有必要继续进行下去之类的听证会成本本身就很高,我们也厌烦去做。当然,在这当中也存在一些非常好的项目,却只是因为某些官员的个人考虑而舍弃,有时候也很令人痛心疾首。日本的做法也可以避免因为个人滥用职权而造成不必要的改变，这样可以有很好的持续性和稳定性，这毋庸置疑是优点。

但是，如能闪烁出像"我来重新考虑吧""依我的想法，怎么能将先前进行不下去的项目就此结束呢，我会继续进行下去给大家看"这样的想法不是很好吗？我曾经问过 DARPA 的项目经理，要求其用一句话概括自己的工作，他给我的回答是：

"我的工作是发现别人觉得不可能实现的事情，并且实现它。"

这种气魄倒是值得借鉴。

# 结束语

## 愉快地解决问题

## 思考事物的本质

本书的书名是《高效成事：像外行一样思考，像专家一样实践》——思考要单纯直接，而实现要严密细致。

在思考的阶段，要这样思考："究竟可以研究什么呢？""人们究竟需要什么呢？"不需要去考虑额外的事情，只要像普通人那样单纯、直截了当地思考就可以了。但是，一旦确定了想法，真正要做的话，就不能妥协了，要缜密细心地、专业地、彻底地进行调查和研究。

我们自己思考一些想法时，应该做到像和朋友在一起讨论那样，尝试思考探讨解决的方法。好像是"那样的情况应该是对的，换成这种情况会怎样呢？换成那种情况又会怎样呢？"……就像在玩智力游戏一样快乐地思考。

如果养成了这种"快乐思考"的习惯，就会大胆地怀疑现在已经被人们接受的知识或是常识。于是我们就能看清事物的本质，加上坚持不懈的思考，一定能对现状有所改进。

此外，还可以以开玩笑的方式来陈述事实，或者讲出风趣幽默的话。本书所引用的一些著名人物的轶事或言论，也都稍微做了些改变，以这种方式来介绍给大家。

但是，对于所说的这些故事，我们不能把它们等同于冷眼看待、看笑话一样地看待的没有建设性的思考方式。说到底，简单、直接而真挚的思考才是根本。

## 中国学生的热情

2002年，我应微软公司的邀请，参加了在北京举行的名为"21世纪的计算"的学术研讨会，一共有五位嘉宾作为演讲者出席了这次会议。当时，因为同席的其他几位都是计算机领域的大师，北京大学可以容纳2 000人的会议中心座无虚席。

学生们都认真地听演讲，非常配合，并向演讲者提出问题。演讲者也就学生所关注的问题做解答。演讲者讲笑话的时候学生们也在很好的时机笑出声来。可以说当时会场的演讲者和听演讲的学生融为了一体，气氛非常好。到了提问时间，提问的学生就会站在指定的麦克风前面提出自己的问题，都是用十分流利的英语发问的。提问的内容也不仅仅限于技术性问题，例如，有学生就十分认真地提问："某某教授，以后要是想像您一样从事重要的计算机技术的研究工作，作为学生时代的我们，应该怎么学习呢？"在日本，像这种问题，就只能从小学生的口中听见，到了大学或是研究生阶段，学生就被宠坏了，不会提出这种问题。

在那之后，我又去拜访了微软中国研究院，很多大学研究生水平的学生都在那里从事着各种各样的研究。每当走到一位学生面前时，他们就会立刻向我解释他们的研究。例如，"我是从事这方面研究的""我打算从事那样的研究"，他们的目光很坚毅，而且，我感到他们都在努力地学习。当我说出"我也在做类似的事情哦"，就有学生很直接地说道："我知道您，我拜读过您的论文，关于您的研究，我觉得这点可以改善……"

我真是十分感叹，从学生们身上，我看到了他们那种简单的思考方法，积极向上的热情。我认为培养这种解决问题的热情，也正是教育的意义所在。

## "金出教授，您一定很快乐吧"

加利福尼亚大学圣旧金山分校的 P·艾克曼教授是有名的心理学方面的权威人士，他研究的是人类表情及达尔文研究相关的一些课题等。他定义出了一套被称为 FACS 的符号，不仅仅可以描述"欢笑、悲伤、愤怒"等这些宏观的表现，而且定义了面部细小的肌肉功能单元，用于描述面部表情。顺便说一下，据说艾克曼教授有个拿手的绝活，可以让脸上各部分的肌肉独立运动。

我博士论文的研究对象是人脸识别，并且之后做过人脸搜索、可以自动把脸部 FACS 符号化，以便进行表情解释的程序等项目。于是我便结识了艾克曼教授。

有一次他来访问研究所，我就向他介绍我的研究成果：自动汽车、自动直升飞机、Eye Vision、表情识别系统、虚拟现实，等等。他当时就问我："金出教授，你一定很快乐吧。我常对别人说，我自己做研究就好像在做游戏，别人也这么认为。但是，我觉得我不如你。你一定非常快乐吧。"

也有其他人不止一次和我说过类似的话。这个问题我并没有仔细思考过，好像是快乐的吧。但是对于研究本身来说，我的确觉得是非常有意思的。

回顾本书，大部分是在向大家介绍我在美国快乐地研究机器人的过程中发生的种种趣事，这本书要是能多少给大家一些启发或者帮助，我会感到非常荣幸。

# 新版结束语

## 致十年后的日本

## 在美国变得毫无存在感的日本

这本书前身的付梓是在 2003 年。现在十多年过去了，我还在美国，继续工作在科研的第一线。期间，我在异国所见到的日本，已经发生了翻天覆地的变化。

过去，在美国的媒体报道中，譬如说"世界的科学技术"这个话题，在提到和美国对比的各国状况时，欧洲各国常常是首先被提及的。出于历史、文化、社会等方面的原因，美国基本上更倾向于欧洲，这无可厚非。日本通常紧随其后，有时甚至更早被提及。那时候美国很关注日本的动向，常有"日本真厉害""不，那没什么了不起的"之类的评论。甚至，还会有类似"日本的政治完全不作为""这很不公平"之类的无论是否出于好意的话题。常常能够被提及，说明当时日本在美国的存在感比较强。

今非昔比。现在日本在科学技术、经济、教育、社会文化水平等方面已经走在世界前沿。但是现在美国在谈及"世界"时，出现在言辞里的大体是欧洲，有时候是中国，而日本几乎没有出场机会了。最近偶然看《时代周刊》，里面谈及一个重要问题时，有个展示各国统计数值的世界地图，地图中日本那部分连数值都没有了，这个发现让我惊诧不已。这种现象在美国社会谈及轻松话题时也一样。我居住的匹兹堡在全美大概是排行在第 20 名左右的大都市，而在当地的报纸、电视上，"日本"这个词汇几乎没有出现过。

## 日本的自我意识和感受

日本国内又如何呢？作为长住美国的人，我看到日本媒体的论调后觉得，日本人大多有着"世界正在注意着日本"这种自我意识，并且或多或少有着觉得其他国家对日本风评不好的感受。这种现象发生的根源，我觉得是日本媒体太过关注美国，关注美国政府态度的缘故。

但是，在日本电视或者报纸中出现的日本著名政治评论家对美国的意见，就我等普通人粗略看来，似乎没有什么可取之处。日本一旦发生了什么事情，就不知不觉想起美国来。这也不知道是好是坏。

就这样，很遗憾的是，现在的美国，虽然不知道华盛顿那些分析世界形势的专家如何看待，在普通美国人心目中，日本的存在感实在太过薄弱甚至近乎于无。日本媒体有时候也说"日本被无视了"，但可怕的是他们似乎没有真的意识到"日本被无视了"这件事情。这才是问题所在。此外，日本还是一如既往地关注美国。日本和美国之间、乃至日本和世界之间认识上的不对称性、分歧是非常严重的，那就像潜藏在身体里的毒素，在未来会慢慢地发挥作用，造成负面的影响。这是我所担心的地方。

## 日本留学生太少了

在美国的大学里我注意到，来自日本的留学生非常少。日本留学生的数目和同样来自亚洲的，尤其是中国、印度、韩国的留学生数目根本不能比较，感觉上好像差了一两个数量级。像我们机器人研究所、计算机学院研究生院等热门的学科，每年招生的时候都会收到 15 倍至 20 倍的入学申请。其中单是中国、印度和韩国的申请就占了大半。

每年一到入学季，我每天都会收到很多申请成为我学生的邮件。但这其中来自日本的申请基本没有。研究院里往往好几年才会来一名日本学生。包括本科生在内的日本留学生也有越来越少的趋势。关于这一点，IBM 东京研究所所长、普林斯顿大学工学部原部长小林久志荣誉教授拿着相关的数据，指出了各种各样的问题。

为什么日本学生不愿意走出国门呢？他觉得有这几个原因：近年来日本

年轻人"越来越内向"、日本学生的能力不足、日本经济发展停滞等。的确，这些都可以解释为什么近年来日本留学生数量有减少的倾向，但其实，就算在以前，日本留学生也并不多见。从根本上讲，是因为在日本，到海外留学并不能对一个人的未来产生特别有利的影响。这一点和现在的韩国似乎大相径庭。据说在韩国，仅仅会说一点英文是不够的，必须能完全熟练运用，有海外大学、研究院的留学经验也是非常重要的。有些职种甚至对此有硬性要求。事实上，我所认识的韩国中年大学教授大多都是独居，因为他们的儿子女儿早早就被送到美国或者英国留学，妻子也会跟随陪读。他们一个人努力工作，赚取孩子的教育费和家人的生活费，定期寄过去。有人称这种现象为"反单身赴任"。

日本基本没有这样的例子。究其原因，一则日本的企业没有一定要招聘海外大学毕业生的需求；二则本身日本的教育已经是世界顶尖水平了。所有学科的教材都有很好的日文版本，世界上优秀外文教材的日语翻译也很完善，光凭日语就都可以学习。更不用说，大学教授、企业里的顶头上司，一般都是本土大学毕业的。因此，要放弃安逸，过上陌生的留学生活，对日本学生而言需要很大的决心和理由。

而印度、中国、韩国、新加坡则完全不同。大学里的教授大多是在欧美大学取得学位；高科技公司里的管理者、技术者也大多有这样的背景。像新加坡，官方语言就有好几种，也没有统一的教材，就必须用科学技术的通用语言——英语来授课了。结果对新加坡的学生而言，到欧美留学只是一个理所当然的普通选择，而且还可以到更好的大学学习。

## 吸引天下人才的美国魅力

美国就连大学教育在世界上也是独领风骚的。为什么美国能在大学、尖端研究等方面不断取得飞跃呢？依我看，这是因为美国是世界上唯一能做到"人才输入"的国家。无论是大学还是企业，都可以引入本国的乃至全世界的高等人才。其他国家都是人才输出，唯有美国做到了极端的超负荷人才输入。

那么，为什么人才都到美国来了呢？这其中，机会多、报酬丰厚等原因自不必说。不过并不是来了美国就一定可以谋到好职位，顺利取得成功。虽说美国作为移民国家，有着世界上最开放的传统，但对于外国人而言，还是有诸多不利因素。据我的观察和分析，移民美国的热潮恐怕有更深层的人性因素驱动。这个因素我觉得是竞争心态和自我实现的欲望。

让我们看看专业棒球比赛的例子。在日本有很多棒球界超高级别的专业选手，他们留在日本的话可以轻而易举地做超级球星、拿高额的薪资。不过他们还是会到美国来，备战全美职业棒球甲级联赛。像这样的日本选手已经累计来了几十人，但他们之中，真正称得上闯出了名堂的，也不外乎先驱者野茂英雄和铃木一郎两人而已。即便如此，还是有大批选手冲着全美职业棒球甲级联赛来到了美国。正是和强敌对阵，琢磨自己的力量，攀上顶点的诱惑驱使这些人一个接一个地来到美国。我一向觉得，正因为有了这些人的加入，全美职业棒球甲级联赛才闪耀着如此惊人的魅力。

## 保持竞争意识

在美国的大学或者研究现场同样也是如此。来自全世界的英才汇聚一堂，大家很快就开始互相合作、竞争，进行最尖端的研究。这是智慧的游戏和竞技，对研究者而言，没有比这样的地方更能让人心潮澎湃的了。我觉得正是人们相互之间的竞争心理，才是驱使大家探求真理、积极创新的最大原动力。有个关于DNA构造的轶事，说的是当时大家都觉得有名的化学家莱纳斯·鲍林发现了DNA的构造。而生物学家詹姆斯·杜威·沃森"硬是横插一脚"，发表了DNA双螺旋结构的相关论文。这个过程，正是人们津津乐道的极致竞争。不只是这个，科学技术的发展史上，总能看到研究者或者工程师在竞争心理下展露出来的缺点，甚至可以说是黑暗、可笑的一面。

说到这个，有人觉得，科学技术应该是更加优美纯粹的东西，更进一步地说，求胜心强烈、一切以自我为中心的人根本就不值得培养。不过我却以为，竞争本身并不是问题，不能接受竞争结果，不能从中学习才是真正的问题。"非常偶然""有时候""仅仅是这件事情上"获得胜利之后，为自己的能力和运气单纯地高兴、并且可以从心底尊敬和理解失败方的心情和努力；输了的话就认真接受对方比自己强的事实，并且毫不气馁；拥有和所有人竞争的机会时，一时的失败也不能让自己一蹶不振。把这样的思考方法和相应的培养体系推广开来才是最重要的，单纯排除竞争机会的做法只是治标不治本。

所以，不赞成那种在学校不提倡任何竞争，也不区分优劣的教育方法，那就好比让跑得快的学生在终点之前等跑得慢的学生，一起冲过终点。这种做法在幼儿园大家还懵懵懂懂的时候还好，到中学或者大学的时候还这般做派，简直是有些傲慢了。我曾经也是跑得慢的小孩子，因此很明白这种心理。当时觉得那些跑得快的同学们都无比耀眼。而自己被这样的同学们在终点等着，我有过屈辱而愤怒的感觉。我乐意看到能接受有人跑得快，有人跑得慢，并且可以心无挂碍地一起练习的孩子，而能够培养出这样的孩子的教育才是真正值得推广的。

## 走出国门

我鼓励日本的年轻人走出国门。要到海外去，像武士修行一样和世界上的人一同竞争，在那之后或者积累经验回国活用，或者干脆就留在国外，这取决于个人的决定。以此来培育人才和创造机遇非常重要。而且，这样有竞争意识和野心的人才也会渐渐多起来。实际上，日本这方面已经有所起色。就在我周边，不仅有很多日本企业派遣的研究生，也有很多日本大学在籍的自费交换生来到我的研究室里当客座学生、做研究。更令人可喜的是，日本支持这样的留学生的制度和民间组织也有不少。譬如，得益于东京大学名誉教授益田隆司的大力推进，船井信息科学振兴财团设立了高额的专项奖学金，无偿资助那些海外留学的博士研究生。真希望看到这样的制度被更加广泛地推广开来。

2012年春季，美国的国防部高等研究项目推进组织DARPA主办了机器人挑战赛。不知道是不是受到福岛核泄漏事故的刺激，最终获得2亿日元左右奖金的是事故现场服役的机器人。那个机器人可以被远程遥控，在事故现场做出移除砖石瓦块、开门、上楼梯、走近漏水的管道并且拧紧等动作。同样的比赛，在2004年和2007年之间，以自动驾驶机器人为赛题的几场比赛最后都是卡内基梅隆大学的团队胜出。从这些比赛中可以真切地感受到技术的发展进步，而且这些比赛也大大地改变了社会对机器人技术的认知："原来机器人已经可以做这些事情了！"而这个赛事是外国的大学、企业的队伍都可以参加的，这真是典型的美国作风。据说获胜之后的东京大学队伍很快成立了公司，并且开始公开招聘了。这些年轻人意气风发，也很靠得住。我从心底为这样的年轻人加油。

## 天马行空的想象和"要试试看"

本书想传达给大家的信息中有一点很重要，就是研究要抱有天马行空的想象，并且，与其找"这样的事情不可能做到"的借口，不如先动手试试看。

最近，无论是谁听我们介绍完研究之后都说"这个创意真有趣"，并且也称赞说研究的方法对他们深有启发。其中有个研究是"可以让雨雪消失的车头灯"。那是十多年前，2000 年前后，有个人告诉我说："雨滴原本是透明的，我们基本看不到，但在雨天开车的时候，我们看到的却是白色的雨滴，这妨碍了开车。之所以会这样是因为车头灯照在雨滴上，光线发生了像在水晶里一样的折射。"那时我就想，能不能做出这样的车头灯，它不像传统车头灯一样对着某个方向无区别地发射光线，而是采用像会议室使用的投影仪一样的构造，先探测雨点的位置，而后仅仅向没有雨滴的空隙投影光线，这样的话岂不就像看不见雨一样了？那是我像外行一样的想法，实在是有点天马行空。我和汽车公司的人谈论了这个想法，他并不接受，说："这种事情做不到吧？"虽然我觉得从技术上说没有什么做不到的事情，但还是先把这个想法搁置了。

之后过了六七年，2007 年前后，我和同在机器人研究所的副教授 Ravi Narasimhan 聊到这个想法。他所做的研究是利用光的反射原理开发新的视觉系统或者图像处理技术。他听完对我说："金出教授，要高速地探测雨滴位置这件事情的确是不容易做到的。换成是我，首先会做一个模拟雨水的装置。找一根横着的管子，在管子上并排紧凑地钻出一列小洞，这样我们就可以得到一个随机滴落水滴的装置，像屋檐流下的雨水一样。把很多这样的装置并列起来，让各个装置的各个洞口在不同时刻滴下水滴，那么空间中就会出现水滴的散列排布的场景。再用不同的投影仪用不同颜色的光映射，那么我们就可以得到三维的水滴的影像了。先把这件事情做好吧。"也就是说，用投影仪给一场人造雨水中每个水滴着色。

说做就做，我找到了一个研究"如何消除视频里的雨滴"的博士生，通过他我了解到做好这样的装置之后的确可以自己控制雨滴的下落位置和时机。至于模拟的雨水和真实雨水的差别，那只是小问题。就这么想着做着，不知不觉写出的论文都获奖了。有这些研究中得到的经验和算法做基础，我接着尝试下一个完全相反的问题：做出一个装置，让投影的光漏过尽可能多的雨滴。完成这样的装置之后，终于，在投影的灯光下雨滴几乎看不见。我们就这样得出了之前构想的"让雨滴消失"的车头灯的实验室版本。

做出这个研究之后我非常开心，和很多人分享了这个项目，大家也都表现出极大的兴趣。论文、创意本身都得了很多奖项。作为实验室投资者的印度和美国的科学基金会也都为我极力宣传。并且，越来越多的汽车公司的人上门拜访，纷纷说"我们也曾经想做这样的项目来着""为什么我没有想到这样的创意呢""我们一起合作做这个研究吧"。回想起来，这个项目能够成功，大部分是拜 Ravi Narasimhan 副教授给出的专业知识，以及研究方法方面的建议所赐。

这个创意本身将来能否成功倒是其次，重要的是这种研究方法拓宽了新视觉系统和应用的前景。事实上，今天在会议室里看到的投影仪中，有一个叫作 DMD 的芯片，这个芯片是由很多很小的镜子并排在格子上组成的。这些镜子可以改变方向，通过控制从光源照过来的光线向屏幕反射的方向达到调节灰度的目的。用这种原理，只要是像素点在镜子数目以下的图像，无论是怎样的图像都可以投影出来。今后汽车的车头灯也要引入这样的功能。驾驶的时候要为迎面的车把远光灯切换成近光灯，有了这样的功能之后，我们就可以不必把所有的光都调成近光，而是将照向对面车，准确地说是将照向对面司机眼睛的光调成近光就可以了。也可以在车道线、斑马线和交通标志上投射更多的灯光，这样开起车来就更省力安全了。这样的装置已经有了成品。

再进一步，用同样的装置把光源的方向反过来，在原来光源的位置放一个图像感应器，那么我们就可以通过感应器得到外界的图像，通过这个图像，我们甚至可以为各个像素采用不同的快门速度进行摄像。Ravi Narasimhan 副教授已经做出了这样的装置。像这样，通过调整光源、图像感应器、DMD 芯片的各种组合，可以想出更多创意来。就这样，一开始只是一个无稽的想法，真的深入研究之后，应用场景却越来越广泛。这其中的要诀，正是"要试试看"这种敢于尝试的精神。

## 坚信可以成功的乐观心态

最近我有幸去访问位于京都和大阪近郊的国际电气通信基础技术研究所（简称 ATR），并且见到了脑信息通信综合研究所的川人光男所长。川人博士所做的研究是解读含有脑活动信号的信息，并且依此研究大脑功能、更进一步利用这些成果来操作、控制机器人。他是相关领域的权威人士。和他聊天的时候，他常常说："要动手试试看才行。"

有个稍微复杂的例子，大脑对身体的器官（譬如手腕）的控制对应着一个神经回路记录着的模型。大脑通过激发这个神经回路来学习控制相应的器官。而川人博士对这个机制做了一番研究。如果可以弄明白这个学习的机制，那么大脑的内部模型，也就是大脑本身的动向都可以被引导。如此一来，通过很自然的方式让患者学习，就可以让装上新功能器具的后遗症患者、某些精神病患者等掌握更恰当的身体反应。虽然理论上这些都是行得通的，但这样美好的展望容易让人觉得完成不了。川人博士却说："这种事情要试试看才知道。研究一定会顺利的。"比起我所做的结构简单的研究，在人体研究这种深层次的研究上也敢于说出"要试试看才知道"，这份认真，这种乐观的精神正是研究的原动力。川人博士的话让我深受感染，铭记在心。

现在的日本，总让人觉得"没有朝气""充满闭塞感"。本书想对日本传递的信息是："思考的时候，要像外行一样单纯直接，实践的时候则要像专家一样严密细致、并且要有以专业知识和方法武装起来的'我做得到'的乐观主义精神。"要记住，独创、好的创意、好的结果等，不管是对研究而言，还是对商业运营而言，都不是忽然就自己冒出来的东西。那一定是刻苦的努力、长期经常的思考带来的。我衷心地希望，这本书即使不能成为打开日本时下局面的导火线，也可以给那许许多多同样有危机感的日本人提供参考。